2009年12月11日，中国首届客侨文化论坛在东莞凤岗举行

U0391048

江门文广局副局长甄瑞珠等人携同专家学者考察汀江墟（梅家大院）

东莞凤岗永和汉彰楼（凤岗镇
政府提供）

中西合璧的凤岗排屋楼（凤岗镇政府提供）

开平赤坎仿巴洛克骑楼一条街（李玉祥摄）

开平齐塘雁平楼（李玉祥摄）

广州六榕寺住持铁禅和尚
题写"瑞石楼"（李惠文摄）

台城仿文艺复兴式日新学校（邱真全摄）

开平居安楼和安庐（王培忠摄）

海上丝绸之路研究书系（星座篇）

Qiaoxiang San Lou

侨乡三楼
——华侨华人之路的丰碑

司徒尚纪　著

SPM
南方出版传媒
广东经济出版社
·广州·

图书在版编目（CIP）数据

侨乡三楼—华侨华人之路的丰碑/ 司徒尚纪著. —广州：广东
经济出版社，2015.3
　（海上丝绸之路研究书系. 星座篇）
ISBN 978 - 7 - 5454 - 3779 - 9

Ⅰ.①侨… Ⅱ.①司… Ⅲ.①民居 - 建筑艺术 - 研究 - 广东省
②商业建筑 - 建筑艺术 - 研究 - 广东省 Ⅳ.①TU241.5②TU247

中国版本图书馆 CIP 数据核字（2014）第 305657 号

出版发行	广东经济出版社（广州市环市东路水荫路 11 号 11～12 楼）
经销	全国新华书店
印刷	佛山市浩文彩色印刷有限公司
	（南海狮山科技工业园 A 区兴旺路）
开本	730 毫米×1020 毫米　1/16
印张	11.5　2 插页
字数	200 000 字
版次	2015 年 3 月第 1 版
印次	2015 年 3 月第 1 次
书号	ISBN 978 - 7 - 5454 - 3779 - 9
定价	35.00 元

如发现印装质量问题，影响阅读，请与承印厂联系调换。
发行部地址：广州市环市东路水荫路 11 号 11 楼
电话：(020) 38306055　37601950　邮政编码：510075
邮购地址：广州市环市东路水荫路 11 号 11 楼
电话：(020) 37601950　营销网址：http://www.gebook.com
广东经济出版社新浪官方微博：http://e.weibo.com/gebook
广东经济出版社常年法律顾问：何剑桥律师
·版权所有　翻印必究·

《海上丝绸之路研究书系》编撰组织成员名单

总组委会

主　任：徐少华

副主任：李贻伟　张小兰　周　義

总编委会

主　任：张小兰　周　義

副主任：黄　尤　麦淑萍　彭　赟

编　委：（按姓氏笔画排序）

王培楠　王肇文　卢锡铭　乔建葆　周克元　洪三泰
索建元　黄淼章　梁桂全　甄伟钢　蔡高声

学术委员会

主　任：黄伟宗

副主任：司徒尚纪　谭元亨

委　员：张　磊　陈永正　田　丰　徐远通　侯月祥　顾涧清
叶春生　黄启臣　曾　骐　韩　强　章文钦　张其凡
杨兴锋　郑楚宣　吴松营　陈海烈　李庆新　王元林
刘正刚

编 辑 部

总　主　编：黄伟宗

副总主编：王培楠　司徒尚纪　谭元亨

总主编助理：郑佩瑷

编辑部成员：张　涛　曾　韬　王鹏程　谭　劲　莫羡春
钟振宇　庄福伍

执 行 编 辑：赵韶沁　李海春　张琰琰　符文申　黄莹莹　郑旭东

广东省人民政府参事室（文史研究馆）
广东省海上丝绸之路研究开发项目组
广东省珠江文化研究会
组　编

总　序

建设21世纪海上丝绸之路

周　義

为响应中央关于推进海上丝绸之路建设的号召，按照广东省委、省政府的安排部署，广东省人民政府参事室(文史研究馆)及其所属的广东省海上丝绸之路研究开发项目组、广东省珠江文化研究会，作出了《广东省21世纪海上丝绸之路建设工程研究系列项目》的策划，以陆续出版《海上丝绸之路研究书系》带动这项系列项目工程的进行，是很好的，也是一件很有意义的事情。

中央要求21世纪海上丝绸之路建设，要形成"全方位开放新格局"。这项工程，就应当是全方位开放并多层面共举的建设工程。

从研究开发对象的性质上看。海上丝绸之路是自古以来我国与海外诸国交往的交通线路，它以商贸往来为主，但又具有外交、军事、文化等性质；它主要是我国与海外诸国相互经济来往性质，但又有和平亲善的民间友好往来意义；这就是其全方位、多层面之所在，从而对其研究开发，就应当从这些诸多方位或层面去进行，才是全方位、多层面开放共举的研究开发。

从研究开发的内涵与空间上看。作为21世纪海上丝绸之路建设工程，顾名思义，自然应以研究开发当今现状和今后发展为重、为主，但也不能离开古代文化遗存及其发展源流的研究开发；丝绸之路有海上与陆上(含边境、草原)丝路之分，以及海陆丝路之间的对接通道的研究开发；在丝绸之路中又有多种类别之路，诸如宗教、华侨华人、学术、科技、教育、文化、海洋、渔业、农业、特产、工艺等行业领域的海外交流之路，以及海上丝路的港口、线路、地域(省内外、海内外)的古今研究开发，都是具有全方位和多层面研究开发的内涵与空间，并且都是可将这些方位或层面以开放并举的举措去进行的。

从研究开发的途径和方式上看。对这项工程(包括《海上丝绸之路研究书系》)的进行，也应当采取全面开放并多层面并举的方针，即软件开发与硬件开发、方案策划与方案实施、理论研究与实践总结、文案研究与实地考察、考察发现与媒体宣传，以及研究中多学科的立体交叉、宣传中的多方式多渠道、开发中的实体工程与形象工程等，都是应当相互交叉同步进行，同时又是以全方位开放并多层共举的途径和方式进行的。

从研究开发的结果上看。这项工程应当既有逐步成果，又有总体成果，即对海上丝绸之路研究开发的途径和方式，是全方位并多层面共举，同时又相互交叉同步进行，从而势必在进程中产生每步的成果，同时又会在每步成果中出现全方位、多层面的诸多成果，最后在总体上产生出包含各步诸多成果在内，而又是"更上一层楼"的全方位开放并多层面共举的总成果。

以这样的理念指导、进行和完成的项目工程，必将不仅是取得项目成果的工程，而且是在进行的理念、途径和方式及其取得成果的模式上，都是比一般单项工程更丰富多彩而综合使用价值更高更大的工程。这样的工程及其成果，才会在21世纪海上丝绸之路建设的"全方位开放格局"中，持续发挥出增强广东省文化软实力的重大作用。

是为序。

[作者系广东省人民政府参事室(文史研究馆)党组书记、主任（馆长）]

前　言

广东海上丝绸之路十大文化"星座"的发现和实证过程

黄伟宗

　　现在出版的《海上丝绸之路研究书系》第二辑［星座篇］，是广东省建设21世纪海上丝绸之路研究系列项目的组成部分，包括10部分册，即《徐闻古港——海上丝绸之路第一港》《南海港群——广东海上丝绸之路古港》《海陆古道——海陆丝绸之路对接通道》《海上敦煌——南海Ⅰ号及其他海上文物》《沧海航灯——岭南宗教信仰文化传播之路》《广州十三行——明清300年的曲折外贸之路》《侨乡三楼——华侨华人之路的丰碑》《古锦今丝——广东丝绸业的"前世今生"》《香茶陶珠——特产及其文化交流之路》《广交会——海上丝绸之路的新生和发展》。每部分册都是某个时期或某个种类的海上丝绸之路文化的主要标志或群体研究的介绍著作，因这些主要标志或某类群体，集中鲜明地体现了某个时期或某门类海上丝绸之路文化的光辉，故称之为"星座"（或称"星群"，下同。因为一个"星座"中有其包含的"星群"，而同类的"星群"亦可共称为一个"星座"）。所以，"星座篇"所含的10部分册，是广东海上丝绸之路十大文化"星座"的研究和介绍专著。

　　这十大文化"星座"，是广东省海上丝绸之路研究开发项目组和珠江文化研究会（下称"我组我会"）的多学科专家教授，从20世纪90年代初开始，在广东省政府参事室党组的领导和大力支持下，在进行珠江文化研究的同时，研究开发海上丝绸之路文化，迄今达20余年的进程中，逐步发现和实证出来的。向广大读者介绍这些"星座"的发现和实证过程，增进其对海上丝绸之路历史文化内涵的理解，是有所裨益的事。

（一） 徐闻古港——海上丝绸之路第一港

早在1993年夏天，我偕同省参事室文化组参事，到封开和梧州考察，发现这个地方原是西汉时的"广信"县，是公元前111年（西汉元鼎六年）以汉武帝平定南越的圣谕"初开粤地，广布恩信"而取名，并在此设置统辖岭南九郡的"交趾部"首府（后人简称"广信首府"，并由此界分广东、广西），且由此发祥广府文化、岭南文化和珠江文化；同时，又从《汉书·地理志》中的一段记载得知：汉武帝也在这个时候，派黄门译长从广信到徐闻、合浦赴日南（今越南）出海外多国。这是中国最早的海上丝绸之路文字记载。但是从未有学者到徐闻实证这个记载。

2000年6月上旬，正当珠江文化研究会成立之际，我等一行冒着酷暑，到达徐闻县西南沿海土旺村（与徐闻古县治"讨网"音近），在二桥、仕尾一带，发现汉代板瓦、筒瓦、戳印纹陶片，以及汉墓、枯井口、烽火台等遗存，综合之前考古学者在此发现的汉代"万岁"瓦当、水晶珠、银饰、陶罐等文物，以及《汉书·地理志》中有："自日南障塞，徐闻合浦开航""徐闻南入海，得大州东南西北方千里"等记载，与田野考察实证与史料记载结合判断，这即是西汉海上丝绸之路始发港旧址。我随即写出省政府参事建议《应当重视海上丝绸之路的开发》，该建议受到省领导高度重视，即批准成立以黄伟宗参事为首的广东省海上丝绸之路研究开发项目组，负责进一步开展这项工作。这项发现和实证成果，意味着将联合国教科文组织专家考察团在泉州确定的中国海上丝绸之路在南宋的始发时间，推前到西汉，从而具有将中国海上丝绸之路史推前1300年的意义。

2001年11月下旬，项目组在湛江市举办"海上丝绸之路与中国南方港学术研讨会"。来自北京、上海、广西、海南、厦门、泉州、香港、澳门等地百余名专家们，再次证实和认同了我们的发现和实证，从而确认西汉徐闻古港是历史上最早有文字记载的海上丝绸之路第一港，是广东海上丝绸之路的第一"星座"，同时发现和实证的合浦、雷州、遂溪等古港同是这"星座"的星群。

（二） 南海港群——广东海上丝绸之路古港

从2001年至2003年，项目组同仁先后到南海沿岸的南岸、拓林、凤岭、樟林、白沙、大星尖、南澳、广州、香港、澳门、台山、阳江、电白、遂溪、雷州、徐闻、合浦、北海、钦州、防城等古港，以及西江、北江、东江、南江、漠阳江、鉴江、南流江、北流江等出海港口，进行实地考察，发现每个古港都有一段海上丝绸之路的辉煌历史，而且在历史上呈现此盛彼衰的现象，但又在总体上形成了从汉代至清代都不间断地有繁荣古港的形势和格局。由此说明，广东自古以来都有不间断的海上丝绸之路历史，在每个历史年代都有兴旺的古港和历史，是广东海上丝绸之路史最完整的实地见证和体现，从而可见广东是海上丝绸之路历史最长而完整、港口最多而辉煌的海洋大省。所以，这一系列南海港群，是广东海上丝路由一批星群共现的文化"星座"。

（三）海陆古道——海陆丝绸之路对接通道

早在20世纪90年代上半期，我在先后考察贯通湘桂至古广信（封开）的潇贺古道，以及南雄梅关珠玑巷时，已对海上与陆上丝路之间对接现象有所觉察，但真正意识到其重大意义则是本世纪初对这两条古道的再次考察。这两条古道的遗址和史料，都证实其本身从来就具有对接海陆丝绸之路的功能和意义。前者在《汉书·地理志》中已写明，汉武帝派黄门译长开创海上丝绸之路，就是从水陆联运的潇水至贺江古道到广信，然后又沿南江、北流江、南流江到达徐闻而出海的。这不就是名正言顺的海陆丝绸之路对接通道么？南雄梅关古道是唐代贤相张九龄主持开通的。他在《开凿大庾岭路序》中写明了其目的，是为沟通中原与海外的贸易和往来。与梅关相连的珠玑古巷，是唐宋以来中原南下移民岭南以至海外的中转站，致世界广府人皆认其为"吾家故乡"，可见梅关珠玑巷在历史上起到对接海陆丝绸之路的重大作用。此外，我们还发现了南雄乌迳古道、乳源西京古道、连州南天门古道，以及西江、北江、东江、南江等水道及其相应的水陆通道，遍布全省，可见水陆古道是广东一道独特的亮丽风景线，具有对接海陆丝绸之路的重大作用，所以也是由诸多海陆丝路古道星群共现的一大文化"星座"。特别值得高兴的是，最近我们到梅州市考察，在大埔发现晋代开拓连接闽粤的梅碎古道的同时，在梅县松口发现了"南洋古道"。因为这里建有中国内地唯一的"世界移民广场"，是联合国教科文组织于2004年发起的旨在纪念海外华人的"印度洋之路"项目，并先后在马达加斯加的多菲内、留尼旺的圣保罗、莫桑比克、毛里求斯岛、科摩罗的马约特、印度的本地治里等地建设了同样的移民广场，在梅县松口建"广场"，是为了纪念19—20世纪离开中国前往印度洋群岛的中国人，同时，松口也是客家人"扬帆出海，开拓进取"的始发地，客家华侨的回归地，又是海内外华侨华人和印度洋国家人民之间经济文化友好往来的中枢地，所以，堪称海上丝绸之路的"印度洋之路第一港"，既是海陆丝绸之路对接点，又是江海对接的通道。

（四） "海上敦煌"——南海Ⅰ号及其他海上文物

阳江南海Ⅰ号宋代沉船，从发现、出水到进入海上丝绸之路博物馆安放，历时十年有余，自始至终都是世界性的新闻大事，因为这条沉船，是迄今世界海上出水历史文物中，历史最早、体积最大、文物最多、保存最好、价值最高的文化遗存。由于其是从事中外贸易的商运货船，因此具有海上丝绸之路文化性质；而且其文物以瓷器为主，代表了海上丝绸之路主要是"陶瓷之路"的特点；尤其是以往发现的海上丝绸之路文化遗存多是海岸文物，海中实物甚少。所以，2003年9月项目组对其考察时，我为其作了"海上敦煌在阳江"的题词。

从此，南海Ⅰ号有了"海上敦煌"的文化定位和代号。我作此定位的依据是：陆上丝绸之路文化遗存最多的是甘肃敦煌，约有6万件，故甘肃敦煌为陆上丝绸之路的文物中心和文化标志；而阳江南海Ⅰ号沉船中的文物，估计有6万~8万件之多，又是具有海上出水文物的"五最"优势，堪为海上丝绸之路的文物中心和文化标志，故称"海上敦煌"。由于当时《阳江日报》报道南海Ⅰ号是"海上敦煌"的文化定位，并在网上传播，被正在中山大学举办世界文化遗产申请培训班的联合国教科文组织的专家知道了，便托人找我引领，于2004年元旦前往阳江考察。当他们认真观看了南海Ⅰ号少量出水文物和听取介绍之后，当即表示"世界少有"，并认同"海上敦煌"的定位。2004年5月，著名的海洋学家、美国科学院院士、台湾"中央研究院"院士、原台湾"教育部长"兼成功大学校长吴京教授知悉并打电话到中大，请我邀请他来考察南海Ⅰ号，经上级部门批准后，我陪他到阳江考察。结果他对南海Ⅰ号的评价更高，认为"世界海洋史要由此改写"；接着他在中山大学对研究生作报告时又讲到，南海Ⅰ号与郑和下西洋是中国海上丝绸之路文化的高峰。所以这无疑是广东海上丝绸之路文化的一大"星座"。稍后发现和出水的南澳县"南澳Ⅰ号"明代沉船，也有相近的文化遗存和影响，应当属这一同类"星座"。

（五）沧海航灯——岭南宗教信仰文化传播之路

2000年6月，项目组到韶关曲江南华禅寺考察。南华禅寺是东晋时期印度和尚智药三藏兴建的，世界上20多个国家和地区公认南华禅寺为"祖庭"，并自建"分庭"，尤其是禅宗六祖惠能在南华禅寺弘扬禅宗文化，将外来的佛教"中国化""平民化"，其被毛泽东称为中国禅宗佛教"真正的创始人"，被世界媒体称为"东方三圣人""世界千年十大思想家"之一。南华禅寺的创建及其世界各地的"分庭"，以及六祖惠能的世界影响，都经海上丝绸之路。广州的"西来初地"，是东晋时印度佛教禅宗和尚达摩，从海上丝绸之路到达广州的登岸地。达摩是中国禅宗教派始祖，由此其登岸地也标志着海上丝绸之路是"佛教传播之路"。稍后在肇庆考察时，发现明代著名传教士利玛窦在此传入天主教的同时也传入西方现代文明，并将中国传统文化传进西方，成为"沟通中西文化第一人"，接着又在广州的石室教堂见到基督教从西方传入的史迹，从而感悟到海上丝绸之路也是基督教、天主教文化传播之路。同时，在广州的怀圣寺见到伊斯兰教文化传入中国的史迹，认识到海上丝绸之路也是伊斯兰教传播之路。在广州的光孝寺、六榕寺和新兴的国恩寺，还看到佛教传入传出的国外的记载，以及在广州参加过出海祭神的南海神庙庙会，在各地见到拜祭"海神"的妈祖庙、天后庙和"江神"龙母庙等，使我更深更广地感悟到海上丝绸之路也即是宗教信仰文化传播之路，进而感到这些从海上传遍岭南各地的宗教信仰文化有似"沧海航灯"般的文化星群，自然也当是广东海上丝绸之路的一大文化"星座"。

（六）广州十三行——明清300年的曲折外贸之路

广州十三行是清代最大的商帮——粤帮的统称，又近似明清时代"海关"，是清乾隆至同治年间全国唯一对外通商并具海关职能的口岸，历时300余年，直至鸦片战争后"五口通商"才结束。在其兴旺时期，全世界50多个国家或地区都有其分号或代办机构，与其有贸易关系的国家和地区则更多。所以，十三行实则是清代中国海上丝绸之路的中心和标志，是海上丝路即外贸之路的典型，很有历史文化意义。近十年来我和项目组的多位同仁，为发掘其文化遗存都多次撰写过调研报告和参事建议，以及历史报告文学、电视剧本等作品。所以这也是广东海上丝路文化一大"星座"，其星群遍布世界五大洲。

（七）开平碉楼、侨墟楼、排屋楼——华侨华人之路的丰碑

海外华侨华人和侨乡文化，实质上也是海上丝绸之路文化的一种产物和体现，因为出海回归、联络交流，都必经海上丝路，所以海上丝绸之路也即是

华侨华人之路。自2006年以来，项目组一直关注华侨和侨乡文化现象，多次到江门、开平、台山、恩平、鹤山、新会、蓬江、东莞，以及潮州、汕头、汕尾等地考察，先后发现并提出"广侨文化""客侨文化""潮侨文化"等文化现象和文化定位，受到海内外媒体的普遍关注。尤其是2006—2011年，项目组先后到开平考察，发现已被列为世界文化遗产的"开平碉楼"和台山的"侨墟楼"，以及东莞凤岗的"排屋楼"，都具有见证海上丝路文化即华侨华人文化的典型代表意义。因为这三种文化，都是华侨华人文化与广东三大民系（广府、客家、潮汕）文化交叉融合的文化形态；而这三种"楼"，则是这三种文化形态的实体体现，并且是海上丝绸之路的产物和载体。特别是"侨墟楼"，它是侨乡中墟集商市的总称，因其既是传统农村墟集，又是华侨投资所建的"楼"，并有与海外通商的码头和商行，具有自十三行统管海外通商结束后，所出现的中国海外通商在侨乡遍地开花的转型意义，所以也是海上丝绸之路文化在侨乡泛化的体现。此外，潮汕地区的"红头船"和"侨批"等现象，以及珠海在近代出现的容闳所开拓的"西学东渐"和中国留学生之路，也都是华侨华人文化即海上丝路文化的实证，是华侨华人之路的丰碑和星群。所以，这也是广东海上丝绸之路的一大文化"星座"。

（八） 古锦今丝——广东丝绸业的"前世今生"

位于广州西关的锦纶会馆旧址是清代建筑，它是广东最早的丝绸行会成立地，也是广东丝绸行业历史变迁和海外丝绸贸易兴衰发展状况的见证。如果说这座历史文物是广东丝绸业"前世"的文化载体的话，那么广东丝绸业"今生"的文化载体则非广东丝绸集团莫属。所以，可以"古锦"和"今丝"四字而喻广东丝绸业的"前世今生"。广东丝绸集团总公司及其所代表的南方丝绸行业，是项目组自成立以来一直合作的伙伴，既共同研究开发海上丝绸之路文化，又考究南方古今丝绸生产和贸易发展之路，从中发现广东的丝绸生产与贸易早在清代已位于全国前列，珠三角以桑基鱼塘围海造田繁殖丝绸生产，陈启源最早创办现代机械缫丝厂，"广丝"（尤其是香云纱）"广绣"风靡海内外，可谓"今丝"品牌，一直古今不衰，改革开放后更是蓬勃发展。据该公司统计，迄今已行销海外181个国家和地区，可见丝绸贸易是广东海上丝绸之路经济带的主干之一。所以，这也当是广东海上丝绸之路又一大文化"星座"，其星群遍布海内外。

（九）莞香、茶叶、陶瓷、南珠——特产及其文化交流之路

东莞自古是著名的香料生产贸易之乡，所产香料多为沉香，因其质特优，被誉名"莞香"，"女儿香"是其最名贵的品种和代表。据刘丹《女儿香》描写："女儿香"乃东莞地道著名土特产，亦为东莞最负盛名之皇家贡品，又是畅销海内外的特产商品。史载：明末清初盛景年间，"岁售逾数万金……故莞人多以香起家"；常常一艘艘载满莞香的货船从东莞运至香港，使莞香成为和茶叶、陶瓷同期出口海外的名贵货物，也使得转销莞香至海外的港口冠名"香港"；近年我们先后到东莞寮步、大岭山考察，仍可见到售香赏香如潮的"香市"景象，此可谓海上丝绸之路又名香料之路的根由。

其实，海上丝路主要是运销土特产至海外，同时又运海外各国的土特产到中国，互通有无，古今如此。广东的出口特产或高新尖产品很多，如佛山陶瓷、潮汕茶叶、英德红茶、肇庆端砚、湛江南珠、怀集金燕，以及当今东莞制造业产品、云浮石材产品等，都是行销世界的商品。所以，海上丝路即是茶叶、陶瓷、珍珠、燕窝等特产及其文化交流之路，尤其是最新的制造业、物流业、运输业、科技业等进出口经济文化交流之路。对广东来说这些都是特别兴旺发达的，也是星群特多特大的海上丝绸之路文化"星座"。

（十）广交会——海上丝绸之路的新生和发展

20世纪50年代中期，在广州创办的"中国出口商品交易会"（简称"广交

会"），是中华人民共和国成立后重开海上丝绸之路的新起点，可谓海上丝绸之路之新生和发展。在改革开放前，"广交会"是中国对外贸易最重要的渠道，有"中国第一展"之称，20世纪80年代后"广交会"取得巨大发展。迄今"广交会"已成功举办116届，而且从开始的"出口商品交易"，发展为现在的"进出口商品交易"，交易面和交易额均与时俱增、俱进，带动了会展业在广东的飞速发展，如影响世界的深圳"高交会""文博会"等，都是广东海上丝绸之路和海洋文化持续发展的重要标志。所以，这也是广东海上丝绸之路一大文化"星座"和不断持续发展的星群。

以上是迄今我组我会发现和实证出的广东海上丝绸之路十大文化"星座"。正如宇宙太空的星座星群尚需不断发现那样，我们将再接再厉，持续努力发现和实证出更多更大的海上丝绸之路，尤其是21世纪海上丝绸之路的新文化"星座"星群。

应当特别郑重地指出的是：我们所称之"发现"，是因为这些"星座"的文化景点或旧址虽然早已存在，人们也很熟悉它，但尚未有人从海上丝绸之路文化的价值和意义上，去认识和发掘它的文化内涵和作出文化定位，而我们则是首先这样做，故以"发现"谓之。所谓"实证"，是实地考察证实之意。这是学术研究的重要途径之一，是与文案研究相辅相成的。这十大"星座"都是我组我会多学科专家教授20余年来，结合文案研究进行实地考察而逐步发现和实证出来的。显然，这样做虽然实实在在，并不断有新的发现，但毕竟学术提炼的火候不足，匆促、感性、粗糙的缺陷难免。正因为如此，在制定《广东21世纪海上丝绸之路建设工程项目规划》中，我们特地以《海上丝绸之路研究书系》项目，弥补以往的不足，尤其是特地组织［星座篇］的写作，将以往发现、实证的成果进行学术深化。

［星座篇］10部分册的作者，多数是从当年起步时即参加考察过程的专家教授，部分后起之秀，也是对其所写专题比较熟悉的学者或记者。从总体上说，他们都是对我组我会学术团队20余年考察发现实证成果的深化，是体现当今各个相关领域最新的研究成果，所以是海上丝绸之路理论建设的学术系列专

著。另外，我们考虑到在21世纪海上丝绸之路建设中，应当向广大群众和外国朋友做宣传普及工作，使他们对于广东海上丝绸之路文化的特色和优势有所了解，所以，我们也力求每部书都图文并茂，尽量选用原始照片和引用原始资料，力求通俗易懂，并兼具备学术性、资料性和可读性。

最后，我想借［星座篇］出版的机会向相关部门提些建议，仅供参考：

1. 建议省有关部门和上述"星座"所在地区或单位，以建设21世纪海上丝绸之路的高度和需要出发，以古为今用、中洋并用的方针，继续深入研究、深入开发、深入宣传，尽力争取将其列入世界物质或非物质、生态或记忆的文化遗存或遗产，千方百计地使这些"星座"永远持续地迸发出更大的光芒。

2. 继续扩大发掘更新更大的"星座"及星群，如科技、海洋、渔业、水利、水运、农业、林业、工业、文化、文艺、教育等领域，从古至今都有与海外诸国交往的历史和实绩，都有海上丝绸之路的线路、遗存和实绩，这些都是海上丝路文化的"星座"或星群，应当"八仙过海，各显神通"地发扬光大。

3. 加大力度全方位地研究宣传海上丝路"星座"及星群，可以将现已发现的十大"星座"，编列出版研究书系，制作电视系列片，创作美术、摄影、散文、诗歌、音乐等门类的系列作品，以及邮票、明信片等。各行业、各领域新发现的"星座"及星群也可以这样做。而且，都可以将这些系列著作或作品，制成外售商品或对外交往的信物或礼品，作为我省的"名片""品牌"打造，既是文化创造，又是扩大宣传，也即是持续开拓海上丝绸之路。

（本文作者为广东省政府参事室特聘参事、广东省海上丝绸之路研究开发项目组组长、广东省建设21世纪海上丝绸之路专家智库成员、广东海上丝绸之路研究院学术委员、广东省珠江文化研究会会长、中山大学教授，是享受国务院特殊津贴的作家、文艺理论批评家、文化学者。）

序 言

「凝固的音乐」谱写的海上丝
绸之路史诗

　　广东潭江流域台山、开平、新会、恩平、鹤山五县市，今称五邑（旧称
四邑），以华侨众多，人文昌盛，被誉为"中国第一侨乡"。而东江下游的
东莞，也是一个著名侨乡，历史文化积淀厚重，名人辈出，近年经济崛起，
富甲全国。侨乡文化，一方面保留着中华传统文化的传统和基因，另一方面
又浸润于西方文化的影响，深刻地打上中西二元文化的烙印，具有跨地域、
跨民族的中西合璧文化特质和风格，在文化各个要素和层面上都有所表现。
其中有凝固音乐之称的侨乡建筑，是一种最触目、最直观的文化景观，以丰
富文化内涵、独特造型、优美形象，傲岸耸立于侨乡大地，而为世所瞩目，
是广东地域建筑最亮丽的一道风景线。这包括了碉楼、骑楼和排屋楼，统称
"三楼"，分别以开平、台山和东莞凤岗这类建筑为代表，彰显各自建筑特
色、艺术魅力和迷人风采。然而，侨乡这三楼的产生、使用、传播和分布，
都有其特定的自然和人文环境、历史进程、兴衰隆替。有的还交织着华侨的
血和泪，折射了鸦片战争以后的广东历史风云，也是它们作为岭南文化一部
分发展的见证。

　　这三楼的主人，多侨居海外，随着岁月流逝，人事枯荣，其中大部分已人
去楼空，布满了历史灰尘，有的苔迹斑斑，淹没在荒烟蔓草之中，令人慨叹和
惋惜。有幸的是，近年随着人们的文化意识觉醒和提高，侨乡这些历史瑰宝正
受到当地有关部门的重视，得到发掘、清理、保护和开发利用，不少被辟为旅

游景点，吸取海内外人前来观赏和研究，越来越张扬他们的地位、价值和影响，可谓是，三颗明珠土里藏，只到今日放豪光，真是恰当其时，本来如此也。

侨乡三楼，虽然主要产生于鸦片战争以后，但实际上也是海上丝绸之路的衍生物。因为广东是海上丝绸之路历史最古老、延续时间最长、规模最大、社会经济文化效应最明显的省区。即使战后，海上丝绸之路性质已发生改变，但中西之间经济文化交流并没有中断，反而出现更频繁的形势，故梁启超在《世界史上广东之位置》中认为："今之广东依然为世界交通第一孔道……虽利物浦、纽约、马赛不能过也。"大批华侨由此走出国门，散布世界各地。梁启超进而指出："广东人旅居国外者最多，皆见他邦国势之强、政治之美、相形见绌，义愤自生。"又说："广东言西学最早，其民习于西人游，故不恶之，亦不畏之。"最后，梁启超在《中国地理大势论》高度评价广东"其民族与他地绝异，风习异、性质异，故其人有独立之思想、进取之志"。华侨即为广东人一个出色代表。他们带回侨乡三楼，仅是华侨文化可视的一部分。战后，三水大批妇女渡海到新加坡，从事城市建设，以红头巾为标志，被俗称为"红头巾"一族；潮汕人扬帆南溟，船头以红漆编号，称为红头船，蜚声东南亚；华侨在海外创造财富，自明清以来，通过民间和以后金融机构寄回国内，供养眷属，兴办实业，这些侨汇凭证和书信，称为"侨批"，广布侨乡，现存1.4万件，是一笔珍贵历史文化遗产，2013年被联合国教科文组织列入"世界记忆遗产名录"。为了沟通侨乡与海外的信息，清末开始创办侨刊，到抗战前夕达59种，最早的《新宁杂志》名重一时。至今侨刊仍办得火红，传遍海内外。这些侨乡文化内涵和景观，铭刻着华侨对国家、对社会、对侨乡的重要贡献。其中侨乡三楼，作为一种可视文化景观，实可称为华侨之路三座丰碑，时时唤起人们对它们创造者、建设者主动、大胆吸收西方文明成果所表现的胆识和勇气，以及为此作出的贡献的追忆和骄傲，所以可谓之海上丝绸之路史诗性的丰碑。

本书旨趣，力图在这三楼产生的社会经济基础上，追溯它们形成发展的历史过程，钩沉其建筑文化特点和风貌及其分布梗概，并提供它们发展一系列纵横剖面，为弘扬侨乡优秀文化传统，建设和谐、文明、幸福侨乡服务，也即是为这些"凝固的音乐"的文化内涵——海上丝绸之路也即是华侨华人和留学生之路——作出文化解读，不知读者以为然否？

目录

序言："凝古的音乐"谱写的海上丝绸之路史诗

第一楼：开平碉楼 / 1

一、 社会动荡的产儿 / 2

    1. 匪患猛于虎 / 2

    2. 无碉楼不成村 / 3

二、碉楼选址和布局 / 8

    1. 因地制宜选址 / 9

    2. 多种形式布局 / 11

三、碉楼命名和对联 / 13

    1. 五彩缤纷的命名 / 13

    2. 内容复杂的对联 / 22

    3. 书法艺术的长廊 / 26

四、碉楼规划和设计 / 27

    1. 采用西方规划制度 / 27

    2. 土洋结合设计 / 28

五、中西合璧的建筑文化风格 / 32

    1. 碉楼用材类型 / 32

    2. 独树一帜的建筑文化风格 / 33

六、五邑碉楼的历史价值 / 37

   1. 侨乡社会经济发展史 / 38

   2. 碉楼情结 / 42

七、开平碉楼荣登世界文化遗产名录 / 45

   1. 全力以赴申遗 / 45

   2. 申遗成功的意义 / 47

八、碉楼精粹 / 49

   1. 自力村碉楼群 / 51

   2. 开平第一瑞石楼 / 52

   3. 比肩而立的日升楼和翼方楼 / 53

   4. 坚不可摧的方氏灯楼 / 54

   5. 众志成城的天禄楼 / 55

   6. 昂首屹立的坚安楼 / 57

   7. 三合土建适庐 / 57

   8. 烈士故乡雁平楼 / 58

   9. 相守为伴的姐妹楼 / 59

   10. 造型别致的中坚楼 / 60

   11. 一枝独秀的立园 / 60

   13. 不屈的南楼 / 65

   14. 令敌胆寒的安村兆楼 / 73

九、碉楼的保护和管理 / 74

   1. 碉楼保护 / 74

目录

2. 碉楼的旅游开发　/ 76

第二楼：侨墟骑楼　/ 81

一、骑楼历史渊源　/ 82

　　1. 印度的"外廊式"殖民建筑　/ 82

　　2. 地中海的"柱廊式"宗教建筑　/ 82

　　3. 欧洲的"敞廊式"市场建筑　/ 83

　　4. 中国的"檐廊式"店铺建筑　/ 84

　　5. 中国南方的"干阑式"居住建筑　/ 85

二、五邑骑楼发展时序　/ 86

　　1. 初始期　/ 86

　　2. 发展期　/ 87

　　3. 停滞期　/ 88

　　4. 衰退期　/ 89

　　5. 复兴期　/ 89

三、五邑骑楼风格和分布　/ 90

　　1. 广东视野下五邑骑楼　/ 90

　　2. 五邑骑楼文化风格　/ 90

四、台山侨墟文化　/ 101

　　1. 侨墟文化概念　/ 102

　　2. 侨墟文化内涵　/ 103

3. 侨墟文化特点　　/ 106

五、新宁铁路与台山侨墟　/ 108

1. 新宁铁路的修建背景和过程　　/ 109

2. 新宁铁路带动下侨墟发展　　/ 112

3. 侨墟对当地社会经济的影响　　/ 114

4. 新宁铁路对台山社会结构的影响　　/ 116

六、台山侨墟历史演变　/ 118

1. 墟市出现时期　/ 118

2. 侨墟雏形时期　/ 119

3. 侨墟大发展时期　/ 119

4. 侨墟提升期　/ 120

5. 新中国成立后的曲折发展时期　/ 120

七、侨墟的选址和布局　/ 121

1. 侨墟选址　/ 121

2. 侨墟布局　/ 123

八、侨墟的现状、保护和利用　/ 126

1. 侨墟现状　/ 126

2. 侨墟保护和开发利用　/ 128

第三楼： 客侨排屋楼　/ 131

一、客侨文化源流和风格　/ 132

目录

1. 凤岗文化源流　/ 132

2. 凤岗文化新类型——客侨文化形成　/ 135

3. 凤岗客侨文化的风格　/ 137

二、客侨文化历史演变　/ 139

1. 秦汉以来中原迁民入居　/ 140

2. 明清客家人大量迁入　/ 141

3. 战后华侨出洋与华侨文化形成　/ 143

4. 近世客侨文化产生　/ 144

三、凤岗排屋楼　/ 144

1. 客家围屋　/ 144

2. 碉楼兴起　/ 147

3. 排屋楼形成文化风格　/ 151

四、排屋楼的保护和利用　/ 153

1. 排屋楼现状　/ 154

2. 排屋楼的保护和开发　/ 155

3. 排屋楼的申遗　/ 157

参考文献　/ **158**

第一楼

开平碉楼

一、社会动荡的产儿

五邑地区山地丘陵散落，水网稠密，常罹水患，淹没田园庐舍，居民不得不上高地躲避，楼房也是一个最好避难之所。但碉楼之兴起，主要是社会动荡、治安不宁的产物。

1. 匪患猛于虎

潭江流域开发较早，唐代以来相继设置恩平、新会等县，宋代以后大量岭外人口迁来聚族而居。姓氏、宗族之间往往为争夺山林、水源或风水问题等发生矛盾和争夺。清咸丰同治年间（1855—1867年），粤西含五邑地区发生持续十多年的土客械斗，双方伤亡数万人。大量人口外逃，导致百业凋零，民生困苦，匪盗乘机而起，各占山寨为王，新会、台山交界的古兜山，就是一个土匪渊薮，弄得五邑地区鸡犬不宁，可谓匪患猛于虎。据粗略统计，1912—1930年，开平全县发生较大土匪劫案71宗，杀死100多人，掳走耕牛210多头，抢劫金银财物难以计算。匪徒还三次攻陷开平县城——苍城，生俘县长朱建章。

土匪这些行径，引起邑侨和海外侨胞的极大关注和愤慨。1913年5月16日，广州《民生日报》刊登澳大利亚侨领余荣向北京政府驻澳外交官一份题为《侨民绝念于祖国》的呈文，内诉："因开平祖籍被匪白昼洗劫，焚屋破家，掳男辱女……商等身羁异地，心系故乡，警耗传来，肝肠寸裂，冤愤填膺，冤呼莫济。粤东（即广东）文武大吏，既造民国，当安国民。况迭奉中央政府招抚华侨毋忘祖国，而今匪患蔓延，身家莫保，揆诸形势，肯甘投水火！将被华侨闻而裹足，谁切还乡之念，迫为异乡乐土之居。"但这也无济于事。各村只好自保联防，成为预防土匪的一种有效手段，碉楼由此应运而生。

但匪患依然甚炽，1915年7月21日新宁铁路在新会汾水江东站发生中外旅客百余人被土匪劫持事件，震惊中外。后开平仕绅吴荫民著有《开平吴荫缘百日忧患记》记载其事，用中英文出版，中外人士读罢无不感慨涕零。1922年12月某天夜里，又发生土匪100多人冲入开平中学，掳走校长胡崟及师生23人事件。

幸得联防队及时发现，追回被劫持师生，俘获匪徒11人，被依法处置，海内外人心大快。在这个政治不修、民德不良、官吏腐败、政府无能，以致祸结兵连、民不聊生的时代，许多人被迫远走异国他乡谋生。鸦片战争以后，出洋已成为社会风气，五邑渐渐发展为广东最大一个侨乡。但当地社会治安并没有改善，依然是盗匪横行的天下。这时时牵动海外赤子之心，只要稍有积蓄，华侨即会汇款回乡，一方面赡养家眷，另一方面用于建筑碉楼，以策安全。

2. 无碉楼不成村

基于五邑匪患日益猖獗，最有效的办法是筑楼自保，于是在五邑地区，出现无碉楼不成村的景象。目前见到最早记载碉楼的是宣统年间的《恩平县志·舆地志》，其曰："本邑地瘠民贫，向少楼台建筑。迩因匪风猖獗，劫掳频仍，惟建楼居住，匪不易逞。且附近楼台之家，匪亦有所顾虑，故薄有赀产及从外洋归国，无不张罗勉筹建筑，师古人坚壁清野之意。当夕阳西下，挈眷登楼。甚至贫苦小户，家无长物，仅有妻儿，亦通力合作，粗筑泥楼，用资守望。"筑楼继在恩平竞相高下，出现"村村有碉楼，村村有更夫"的景象。

开平最早迎龙楼
（李玉祥摄）

在碉楼最负盛名的开平，其出现时间最早，以防盗防贼为主要目的，也兼具抵御洪患功能。民国《开平县志·古迹》记载了三座碉楼，可作为早期碉楼的代表。

其一座是"瑞云楼，在驼驸井头里。清初关子瑞建，楼高三层，壁厚三尺六寸，全用大砖砌筑，藉避社贼之挠。"

第二座是"迓龙楼，在驼驸三门里，规模与瑞云楼同，亦清初关圣徒建，以避贼者。光绪甲申（1884年），大潦，村人登楼，全活"。

第三座是"奉文楼，在那围龙田村。清初盗炽，许龙所妻某氏被虏。子益将备金议赎。某氏语使人曰：'母不必赎，但将此金归筑高楼以奉尔父足矣'，是夜投崖而死。益将遵命筑楼奉父。日久颓圮，后乃改为'在平家塾'"。

据五邑大学张国雄博士考察，这三座碉楼仅有迓龙楼在开平三门里，成为开平碉楼的吉光片羽。据康熙《开平县志·舆地志》载，明嘉靖二十年（1548年）、三十一年（1552年）、三十五年（1556年），今梁金山一带发生土匪劫村事件，村民曾上楼"以避贼"。而迓龙楼距离梁金山约6000米。张国雄据此推断，此避贼之楼应为迓龙楼，距今已有四百四十多年，为五邑地区碉楼之祖。

开平碉楼大规模兴建始于清末，辛亥革命至1941年太平洋战争前达到极盛。因日美开战后，侨汇断绝，碉楼兴建遂止。据张国雄统计，开平碉楼，1911年前有314座，1912—1942年有1512座，占总数绝大部分，这与其时政局动荡相关。民国《开平县志·舆地志》指出："自时局纷更，匪风大炽，富家用铁枝、石子、土敏土（水泥）建三四层楼以自卫。其艰限赀者，集合多家而成一楼。先后二十年间，全邑有楼千余座。"这与近年普查结果差不多。至今，开平民间仍流行"无碉楼不成村"之说。

在台山，碉楼出现最早时间是清同治七年（1868年），为端芬镇那泰乡中闸村的"炮楼"。知县李平书在《宁阳存牍》中记载："宁邑本瘠苦，风俗俭朴。同治以来，出洋日多，获赀而回。营建屋宇，焕然一新。服御饮食，专尚华美，婚嫁之事，尤斗靡夸奢。风气大变，物价顿昂，盗贼之炽，亦由于此。

开平百合胡屋一村楼群（李玉祥摄）

更甚者，狱讼争雄，不惜赀财夤缘贿讬，罔顾屈直，务求必胜。而不肖官吏，视为利薮。讼棍从而播弄，丁胥从而讹诈。官日贪而民日刁，言之可概。风俗之坏，至于此极。"可见贪污受贿，非今日之盛。民不堪命，铤而走险者大不乏人，盗匪由此滋生，无论贫富，唯筑碉楼是赖。但台山碉楼主要是19世纪60年代，大量侨眷购地兴建"华侨新村"而成气候的。

一首台山民歌表现了华侨出洋一个主要目的是日后回乡建洋楼。其曰：

目下难糊口，造化睇未透。

唔信这样到白头，只因眼前命不偶，运气凑，世界还在后。

转过几年富且厚，凭时置业起洋楼。

作者不仅奋力抗争，而且坚信，好日子一定会来临，那时再起高楼。这已成为侨乡的普遍心态，故只要条件成熟，就会掀起建楼高潮。民国时期，广东省政府发起建设"模范村"运动，台山卷入其中，一条条华侨新村接踵而起。民国时期《金山歌集》收录了不少海外华工诗歌，其中将回乡买地建洋楼视为人生最高理想。其中有曰：

> 一向当逆景，忽然遂心称。
>
> 横财就手四方城，即刻买舟回乡井。
>
> 事事胜，亲朋来相请，立宅置田十万顷，家肥屋润显门庭。
>
> 该回财气旺，连发数十芳。
>
> 青蚨满意白兼黄。
>
> 少年得志做新郎，确实爽。
>
> 今时不比往，置田立宅唔在讲，又娶二奶入香房。
>
> 燕鹊喜，贺新年；
>
> 爹爹去金山赚钱，赚得金银成万两，返来起屋兼买田。

不过所建很多是骑楼。但村落和城镇骑楼离不开碉楼的保护，所以两者共存共生，是台山碉楼兴起一大特色。据新编《台山县志·侨乡志·建筑志》统计，到1940年，台山碉楼已"数逾五千"。同样受太平洋战争影响，自此以后，碉楼兴建基本停止。近年开平申报世界文化遗产的碉楼总数是1833座，比台山碉楼要少得多，但开平碉楼已成为世界文化遗产，声名大振，相形之下，台山碉楼遂少为世人所知，呈"养在深闺人未识"状态。

实际上，清末以来，广东与全国许多地区一样，治安不宁，匪盗蜂起，各地多有构建碉楼一类建筑物之举。据李国平博士不完全统计，广东各地级市碉楼数量可分为四级：第一级为江门地区，约有3000多座；第二级地区为深圳和中山，分别有550座和510座；第三级地区为东莞市，有120多座；而第四级的广州、佛山、珠海、阳江、肇庆、惠州，仅50座以下。但这些碉楼兴废变迁很大，除开平以外，台山原有1000多座（与上述出入很大），保留完好的有626座，这是台山市档案馆2002年在《台山碉楼》一书中公布的统计数字。其中

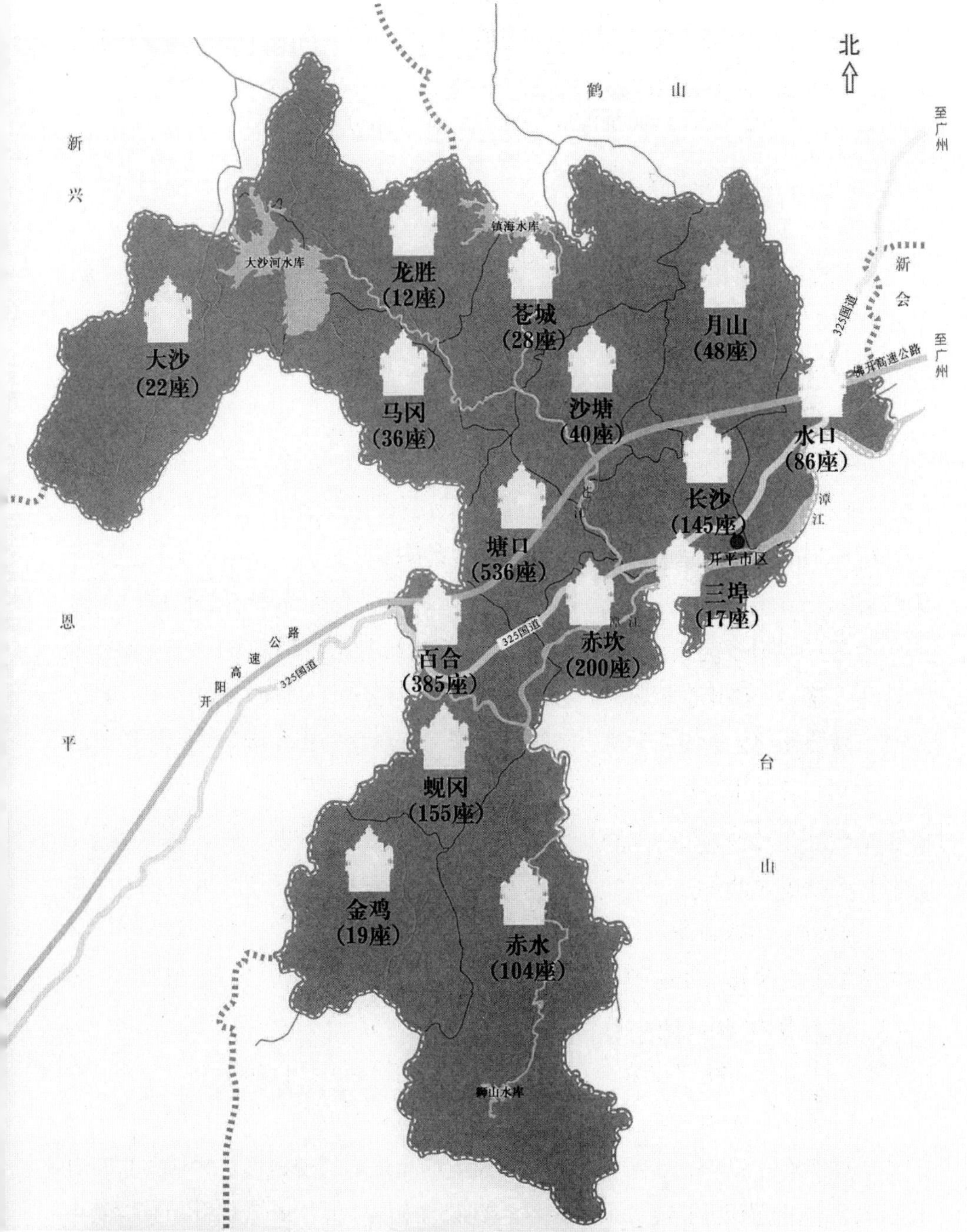

北
↑

新兴

鹤　山

至广州

325国道

新　会

至广州

一城开高速公路

大沙河水库

镇海水库

龙胜
（12座）

苍城
（28座）

月山
（48座）

大沙
（22座）

马冈
（36座）

沙塘
（40座）

水口
（86座）

谭江

长沙
（145座）

塘口
（536座）

开平市区

三埠
（17座）

开阳高速公路

325国道

百合
（385座）

赤坎
（200座）

325国道

台

蚬冈
（155座）

恩

平

山

金鸡
（19座）

赤水
（104座）

狮山水库

开平碉楼分布图（开平市政府提供）

1900年以前建8座，1901—1910年27座，1911—1920年98座，1921—1930年157座，1931—1940年5座，1941—1949年1座。这些碉楼分布在全市18个镇，其中三合镇97座，都斛镇95座，斗山镇68座，台城镇52座，水步镇48座，四九镇48座，广海镇45座，端芬镇39镇，冲蒌镇38座，大江镇28座，三八镇25座，白沙镇18座，汶村镇13座，深井镇3座，下川镇3座，海宴镇2座，那扶镇2座，北陡镇2座。即台山20个镇中有18个镇有碉楼，分布很普遍，但又有重点，以中部、东部较多，每镇有20座以上，而西南部碉楼较少。这主要取决于经济发展水平，多碉楼的镇侨汇多，经济较繁荣，易引起匪徒注意，属匪患严重地区，碉楼应运而生，说明它与经济发展水平正相关。恩平原有碉楼780多座，保存完好的有460多座，鹤山有100多座，江门城区和新会亦有少量分布。此外，深圳、中山碉楼为数不少。东莞凤岗现存120多座（称排屋楼），珠海有10座，高要有6坐，广州花都、增城等地有"飞机楼""德仔楼""四角楼"等，实属碉楼建筑，佛山、阳江等也有分布。至海南岛大部分县市都有分布，但现存仅50座左右。这个分布格局，反映碉楼建筑初衷各地都基本一致，但五邑为侨乡，经济颇富裕，需更多力量来保卫生命财产的安全，故成为全省碉楼密集之地。

广东其他侨乡地区，也不泛碉楼身影，如粤东北梅州客家地区，碉楼称"四角楼"，多叫"炮楼"。著名的有建于清康熙年间（1662—1722年）的兴宁县新陂镇长岭村刘氏彭城堂，建于光绪年间（1875—1908年）的五华县锡坑镇联庆楼等。但这些碉楼兴建时间早，且未能形成社会风气，自不能比肩于五邑碉楼。

二、碉楼选址和布局

碉楼具有防卫和居住两种功能，故其选址和布局都要满足这两种功能的需要。开平南北为低山丘陵，东部和中部为丘陵平原，潭江干流流经开平中部与支流苍江在三埠交会，形成长沙、新昌、荻海三镇，亦称三埠。两岸尽为肥沃的冲积平原。而潭江、苍江河面宽广，流量丰沛，每年夏秋，一遇台风暴雨，洪水泛滥，江水溢堤，顿成泽国，很多村落被淹，形成淹患，危及民生。故碉楼选址显得十分重要，是发挥其作用的一个关键因素。

1. 因地制宜选址

根据开平地理形势，碉楼选址必须因形就势，因地制宜，趋利避害，以获取御敌防洪目的。五邑碉楼选址，充分反映了建筑与环境的协调、和谐关系。从文化也是人类适应环境的一种方式而言，碉楼选址实是一种文化形态，具有很高的文化品位。

碉楼一般选址于潭江水系河流阶地或冲积平原之中，前者为洪水所不到，后者一是利用地利发展农业生产，潭江平原因之成为广东一个粮仓，二是村落多坐落在平原之上，碉楼与村落一体，有效地发挥防卫作用。据有关统计，开

开平碉楼
（李玉祥摄）

平有18个镇，其中有8个镇，分布在潭江、苍江两岸，是碉楼分布最多的镇区，包括塘口镇536座，百合镇385座，赤坎镇200座，蚬岗镇155座，长沙镇145座，共1421座，占开平碉楼总数的77.7%，若算其他镇碉楼数，则中部平原碉楼达1535座，占总数的83.7%，说明抵御洪水是建楼的一个主要目的。如位处赤坎镇三门里的迓龙楼，在1884年一次大水中，"村人登楼，全活"。但平原到底地势低洼，须选择其中高地或人工夯筑高台才宜于建楼。故放眼潭江平原上碉楼群，岿然耸立于阡阳纵横田野上，显得非常壮观。

开平台山宜居山地丘陵也不少，很多村落依山而建，碉楼也选址于附近，取居高临下之地势，便于组织火力网，痛击来犯之敌。如建于1929年的马岗土塘镇南楼，即为一例。民国《开平县志》卷23评述："择（马冈）土塘之要隘，由治安会拨款建碉楼，名曰镇南楼，以资防守。"至台山碉楼，潭江两岸固多，山地丘陵上的也不在少数，尤其是就地取材垒砌或夯土碉楼，主要分布在东部和西部山区。

碉楼与村落唇齿相依，选址环境十分讲究，综合考察山水形势，有利防卫、生产，方便生活，按照中国传统相天法地、负阴抱阳原则来确定村落位置和轮廓，以营造一个理想人工生态环境。通常是背山、面水、前祠、后楼、簕竹环绕，村落布局规整而富有韵律，体现其追求"箕裘绍述，发福无穷"的目的。具体而言，村落前面必有河流或半圆形池塘，即"吉地不可无水"，水就是财富，具有蓄水养鱼、排污、消防、调节小气候，美化环境等功能。池塘视作墨砚，塘边石条如墨，村面晒谷场像纸，村后高耸碉楼如笔，四者组合，象征"文房四宝"，隐喻文运兴旺，人才辈出，反映居民理想和追求，充满人文意象。五邑村落多不设围墙，而在池塘和两侧设闸楼，防止外人从村落正面随便进出。闸楼之后种植大片密实簕竹林带，层层包住村落。这种簕竹坚韧且尖利，人难以通过，实际是村落围墙，还有可利用的经济意义。而碉楼往往布置在竹林之中，前为一排排低矮民房为屏障，对碉楼起到防护、缓冲作用，可免使自己四面受敌，得以集中火力抗击正面来攻之敌。因有高耸碉楼为靠山，村民获得一种安全感，在动乱中可安稳入睡，有警时可有序地撤离和组织力量还击。

台山四九镇永兴里门楼（黄朔军摄）

2. 多种形式布局

按照碉楼数量、功能、分布和占地大小及其组合特点等，可分为独立式、联体式和组团式三种类型，形成碉楼分布格局和景观特征。

独立式是指单独一座碉楼，附近没有其他碉楼和民宅群，限于一家一户使用。这类单体碉楼选址灵活，可在村口、山冈、河岸、田间，但多数在村后。在村口者俗称"门楼"或"闸楼"，高二三层，由村中壮丁昼夜轮流值班，负责检查进出人员身份，夜晚关门落锁，依时敲锣报更报警，故亦称"更楼"。

在村外者俗称"灯楼"，由邻近同姓或异姓村落共同出资兴建，轮流派人值班预警和防卫，多配备探照灯、报警器、发电机、铜鼓、铜锣、枪支以及生活用具等。灯楼大部分比门楼高、体量大，多为三四层，最著名为开平塘口镇方氏灯楼和赤坎镇南楼。1922年12月土匪突劫赤坎开平中学，即被鹰村宏裔楼团防队员发现，一时探照灯直射如同白昼，铜锣喧天，群众从四面八方前来追

开平方氏灯楼（周伟洪摄）

剿堵截，群匪俯首就擒，师生得救。这座更楼由此名噪一时。

联体式，当地称"孖楼"，指两座碉楼并列而建，几乎连为一体。通常是兄弟俩人各建一座，紧靠相连，以利紧急情况下共同御敌。

组团式即多座碉楼组合成群，或以一座公用碉楼为主体，联合附近众多居庐组成，故也称"众楼"。因其具备各种生活设施和储备足够给养，故又称"居楼"。层数通常4～6层，最高为蚬岗镇锦江里瑞石楼，达9层。著名的塘口镇自力村，即由9座碉楼和6座居庐组成，分别称龙胜楼、云幻楼、竹林楼、振安楼、铭石楼、居安楼等。而赤坎"加拿大村"，由一座公共碉楼（四豪楼）与10座居庐组成，为1923年旅居加拿大关氏家族10兄弟所建，主楼十分坚固，极具防御功能，其他居庐受其保护，故有安全感。

总括以上碉楼布局和功能分类，在开平现存1833座碉楼中，众楼有473座，灯楼有221座，居楼有1149座，占碉楼总数的63%，所以居住仍是碉楼一项主要

开平塘口自力
村碉楼群（李
玉祥摄）

功能。众楼和灯楼是为居楼服务的，平均每1.66座居楼需一座众楼或灯楼提供安全服务，这种配合也是很合适的。

三、碉楼命名和对联

1. 五彩缤纷的命名

语曰名不正则言不顺，故无论人还是物，都有其名。五邑碉楼都各有主人，命名自不例外。名从主人，名如其人，字如其人，文如其人。楼名反映了主人的价值观念、伦理道德、人生冀望、念祖怀宗、历史掌故、审美情趣等无

开平明庐（王培忠摄）

开平居安楼和安庐（王培忠摄）

形观念，以及所在地区自然环境、人文风貌等物质形态的文化内涵，使碉楼命名颇具特色，不同凡响。但其命名，有通名和专名之别，稍不同于普通命名。

通名是指碉楼惯用称谓，常有以下几种：

一是楼，东汉许慎《说文解字》解释是，楼，"重屋也"。《释名》则曰："楼，言牖户、射孔类类然也。"汉代以后，随构架式楼阁建筑技术的成熟，居住、储藏、警卫等各种功能楼宇普遍出现，楼作为一种建筑物通名，已广见于我国各地区、各民族的建筑物中，如土楼、方楼、圆楼、吊脚楼、鼓楼等。在广东五邑地区，楼是最常用的碉楼通名，如永安楼、毓居楼、毓才楼、安居楼、宝树楼等。但碉楼一称，据张国雄博士考证，"碉"初见于唐，为石结构防御建筑，后世沿用至今。而在英文里，"楼"译为"Tower"，指多层的塔或塔楼，同时又有城堡、碉楼的含义，今"碉楼"英译为"Watch Tower"。

二是庐，本指简陋房屋或客住宿舍，在这里是指造型和用材都较好的楼房住宅，当地雅称为"庐"，通常为二至三层，选址多在村前后的边缘处，或离村有一定距离的平坦开阔、环境幽雅的地方。庐可视为碉楼，但比真正防卫碉楼要矮，多数情况下，庐住人为主，并与碉楼匹配，利于有警时人员向碉楼

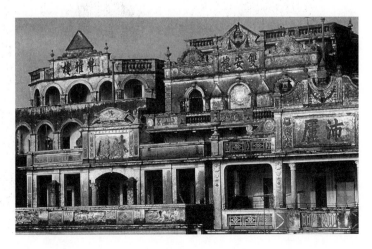

开平百合镇均和村庐群
（李玉祥摄）

开平荻海中西合璧风
采堂（李玉祥摄）

疏散集中。庐有时也是楼的一种别称，是碉楼使用最多通名之一。在开平碉楼中，有安庐、叶生居庐、富生居庐、官生居庐、谰生居庐、湛庐、毓扬庐、毓彬庐、荣庐、培庐、灏庐、禧庐、煊养庐、逸安寄庐、康乐居庐、岭南寄庐、莘庐、文庐、美庐、沛庐、梁庐、宽庐、荣庐、纯庐、夹索庐、危庐（危为星宿名，不是危险）、怡庐、杏庐、彬庐、六也居庐、养闲寄庐、养和庐等。台山则有贤安庐、安雅庐、兰芳庐、觉庐、仕庐、英庐、源庐、焖庐、鎏庐、晃庐等。

三是别墅，本指城市郊区或风景名胜区的供休养用的园林住宅，在五邑，别墅成为碉楼的雅称，为数也不少。如开平养闲别墅、安然别墅、毓培别墅、耀光别墅、朗照别墅、尚炯别墅等。

四是居，本指住所，如索居、怡怡之居、仁于居。有时与庐组合成一起，称居庐，如"六也居庐"，实为碉楼。

五是其他通名，包括宅、园（如立园）、苑、轩、堂、阁、塾、所、室，以及罕见的芦、台、观、虚等。据开平市文联李日明先生调查，这类通名碉楼有塘口宅群村文虚、叠成虚、茂村虚等；赤坎镇有禧庐、振芦、世雅芦等。

此还，还有出于各种原因，碉楼无名或有绰号名。如三埠镇迳头盘龙里的"无字楼"，塘口镇上下屋村的"烂楼"和元咀村的"斜楼"，后又称"侧楼"，都各有其趣事、逸事。如"斜楼"因地基欠牢固，楼体倾斜，事不如意，楼主人连楼名都不愿考虑，随便称之为"斜楼"，日久变为它的专名。

这些五花八门的通名，都有丰富内涵，深刻含义，有雅有俗，有实有虚，还交织着一些乡间故事，也有存疑成分，耐人寻味。如"观""虚"是否与宗教信仰有关，都有待考察；又如"芦"字，本有常用"庐"，为何又冒出一个"芦"字。"芦"本指芦苇，也用于修筑茅舍，今用于碉楼命名，很可能带有谦称成分。不管怎样，这些通名，都彰显楼主人的文化修养。时至今日，房地产业在我国兴起，到处都有新楼盘推出，但其命名并不尽人意，粗俗者也不在少数，到处取"花园""广场""帝景"之名，却不见一朵鲜花，一块大面积平地，当然更没有一个皇帝。但开发商硬要塞上这些称谓，既名不符实，也有附庸风雅之虞。而五邑这些碉楼通名历经时间考验，改朝换代都不变，实可供现在楼盘命名使用。

碉楼命名，更精彩部分还在于它们的专名，李日明先生总结这些楼名，可谓"林林总总，五彩缤纷，或隐喻希冀，或抒发怀抱，或念祖怀宗，或尊贤重道，或攀亲引戚；或中庸，或自傲，或浅明，或隐晦，或典雅，或趋时，或乖巧，或持重……是建楼者当时精神心态的印证，是侨乡碉楼文化中一笔珍贵的历史遗存和重要篇章。"这个评价，甚为周详中肯。

按照碉楼专名的内容性质，大致上可分如下几类：

1）震慑匪类，诉求和平

五邑土客械斗旷日持久，匪患猖獗，民不堪命。在这个动乱社会背景下，华侨汇款回乡，修建碉楼，最大心愿是切望家乡平安宁静、家人安居乐业。但这首先要平息匪患，营造一个和平社会秩序，故反映这种诉求的楼名比比皆是，甚为触目。有人粗算，仅在开平，以"安"为词尾的碉楼命名为329座，占开平碉楼总数的17.9%。计有振安、振武、振声、镇亮、捷安、兴安、治安、卫安、镇安、卫祺、长安、永安、安怀、举安等。如位于马岗镇超伦小学山上的

开平塘口庆民村捷安楼
（李玉祥摄）

镇南楼，据悉1936年土塘贼匪在多次劫人勒赎之后，又掳去塘口骑龙马林村妇女10余人。鉴此，邑绅吴在民、港商黄汉光联名恳请地方政府出兵清剿，结果大获全胜。时有报道："民国十七年（1928年）官军会乡勇大破土塘匪巢后，由旅港开平治安会拨款建楼以资防守。"镇南楼由此建成，威慑一方。其时又在四九墟筑一纪念亭以记其事，以壮声威。又如赤坎莲红村长安楼，乃该村商人吴明生集资所建，楼高五层，巍峨壮观，尽显声威。时广东省长胡汉民为其书写"长安"二字，并拟就一门联云："长居乐世与天地同寿；安定幸福共日月争辉"。为该楼增色不少。

2）安居乐业

近世五邑侨乡饱经忧患，民生困苦，百姓不仅希望有安全保障，更盼望过上安定生活，开创自己的事业，故表述这一主题的碉楼命名也很普遍。这种专名在开平除"安"字以外，"和"、"家"、"亲"等字命名的至为常见，计有普安、静安、合安、同安、居安、慈安、厚安、长安、侨安、远安、义安、双安、吉祥、东宁、隆兴、卫祺、永宁、安怀、家谐、仁和、齐家、和乐、爱亲、恋家、叙伦、孙怀、佑康、康乐居、陶然等。

在台山，"安"和"平"字最多，如保安、联安、永安、福安、潮安、普安、吉安、安邦、万安、同安、顺安、隆安、常安、长安、安平等，另则有昌平、顺平、锦平、建平等用词。如台山都斛镇南村1920年建的"固我藩篱"楼，直接表达建楼保卫家乡安全目的。

开平百合均和村双安楼（李玉祥摄）

3）福禄寿

在安居乐业之同时侨乡百姓追求生活幸福，经济繁荣，延长寿命。这种愿望，也见于楼名。计有万福、三多（福、寿、字）、九畴（多田地、富足）、五福、福星、天禄、寿田、百岁流芳、焕福、福临。

4）伦理

侨乡为中外文化交流之地，既有西方文化色彩，更有中华文化积淀，故

台山四九镇福临村碉楼（何健栋摄）

表达传统伦理道德、行为规范、家国情怀的楼名也至为瞩目。常见的有亲义、宣德、五和、崇礼、贤德、启明、遵仁、明达、品吾、中坚、贤昌、惠民、寸草、椿元、椿萱（喻父母）、棠棣（弟）、爱仁、群安、群秀、协群、协益、合股、合和、合益、大众、资桢、资德、均扬、中坚、百合、丛兴、志众、昆仲等。这些专名都各有其内涵，殊值得回味无穷。

5）**功名**

五邑文化发达，人才济济，现江门有条院士路，铭刻历届两院士名字，也是一条文化观光大道。激励子女读书，博取功名的楼名又是碉楼一景。这出现较多的有国贤、宝树、荣桂、迪光、荣光、光国、耀华、华焕、千亿居（人多力量大）、志气（高）、述灿、文昌、继美、逊志（求学求士）等，都洋溢书卷之气、进取精神。

6）**历史典故、名人佳句**

摘取这类文化资源作楼名，旨趣在于彰显主人学养和斯文。这类楼名在碉

开平塘口镇龙蟠村华
焕楼（李玉祥摄）

楼群中别开生面，颇具文化品位。计有三顾（草庐）、养和寄（庐）、乍得人世、咸宜、居得逸、光天化日、赡宝就日、日月居、康乐居、岭南寄（庐）、爱得我所、华实东舍、披云耕月、边筹筑（楼）、未达敌（楼）、西管子（楼）、可以（楼）、存德（楼）、藏春（楼）等。

7）数字排列，巧作楼名

这种专名，别出心裁，深得要领。按大小排列，自成格局，而不是数字游戏。据李日明先生搜集，以下数字楼名就颇具匠心，朗朗上口，勘为楼名中一朵奇葩。它们是：一枝、两宜、双安、三星、三祝、三多、四份、四豪、五福、五权、五德、六角、六也居、七星、八角、九畴、九合、万兴、万福、添亿、千亿居（楼或庐）。这些数字楼名，多有来源，含义深刻，清新隽永。如塘口镇魁岗新魁村"一枝楼"，取意于楼四周墙上，爬满寄生植物"流鼻花"，似披上一层绿装，有一村独秀、艳压群芳之势。塘口镇强亚村、广陵村方富阡兴建"两宜楼"，为众楼。据解读，一是取白居易诗："明月好圆三径夜，绿杨宜作两家春"；二是源于苏东坡咏杭州西湖"淡妆浓抹总相宜"。孰是孰非，耐人寻味。又如三埠"陶然楼"，有人说源于白居易诗"更待菊黄家酿熟，与君一醉一陶然"，看来也是有道理的。再有塘口镇石滩林黄柱建"三星楼"，可能取意"三星拱照"。而赤水镇大津村1919年建"千亿居庐"，取意人多势众，但树大招风，1932年有土匪来攻，幸得发现及时，邻村乡勇四面赶来，击退贼人，似应了这座楼名。在台山，以数字命名碉楼除了数术含义以外，还有表示集资建楼人数。如冲蒌镇礼盛村"三省寄庐"，即为1928年加拿大华侨李氏三兄弟回乡省亲所建，三八镇"六槐楼"、斗山镇"六福楼"可能与集资户数有关。

8）优美环境

侨乡经济较富裕，当地人不仅追求温饱，也希望有一个优美生活环境，或休闲生息，或颐度余年，对楼的命名，也体现了这种愿望。这类专名有景星、云幻、月波、竹林、大观、静观、兰厅（别墅），山顶葫芦、毓秀居、登春（台）、共和、竹称、竹莲、春如（楼）等。它们命名都有依据，如大沙镇竹莲塘村，有座"竹称楼"，源于"竹称君子，松号大夫"古训，也合苏东坡"宁可食无肉，不可居无竹"诗对环境的要求。

2. 内容复杂的对联

碉楼命名与楼联不可分割，同样反映楼主人的精神世界、理想、追求，且这些楼联还有很高的书法艺术价值，是碉楼一道很触目的文化景观。且这些楼联还有自建楼以来，即备受关注，至今更是碉楼旅游受人注目、品评的话题。

碉楼名称，横书于它们顶部，开平碉楼有一部分大门配以对联，台山的未作统计，相信为数不少，两者珠联璧合，展现碉楼楹联文化的风采。据悉，仅在开平，碉楼对联有数百对，足可供人凭吊、联想和研究，是一笔宝贵的侨乡文化资源。

对联内容，与碉楼命名基本对应，所以对联分类与上述楼名相差不大，可作同样归属。

一是反映社会不宁，百姓盼望和平安定的心声。这种对联占了相当数量，多以"镇""安"等字为首尾。最有代表性的是赤坎镇"长安楼"对联，为当时广东省长胡汉民所撰，其联云："长居乐世与天地同寿；安定幸福与日月争辉"。

塘口镇四九村虾潮里吴朝林建"中安楼",作联曰:"中原有备,安土能耕",为楼名各取一字构成,其忧国忧民之心跃然纸上。塘口镇龙和村旅美华侨陈以林1921年回乡建居安楼,门联云,"居而求志,安以宅人",其志自明。又百合镇儒北村均安里的"双安楼",其联曰:"行道有福;以德为邻"。互相勉励对方和睦相处,共同得益。又塘口镇虾湖村有座"群安楼",其联直奔楼名,曰"群居自乐,安业同欢"。而台山水步镇莲安村"邦祯楼",门联曰:"邦国规模眼锁例,祯祥楼阁巩金汤"。大抵这类对联深深打上时代烙印,内容大同小异,不一而足。

二是祈福类内容,也是楼主人最热切企盼的目的。如开平蚬岗南兴里一碉楼,门联云:"门迎百福时时有,户纳千祥日日来"。百合镇坪口村"卫祺楼"联曰:"卫据三河地,祺开五福图",由楼名衍生出一联。塘口镇龙蟠村"华焕楼"门联云:"聚宝财旺福自来,天时地利人和贵",将天时、地利、人和整合在一起,带来财宝滚滚、生活幸福。最突出还有塘口镇龙和村龙蟠里"永福楼",其联云:"永久幢姘幪如广厦,福常宠锡在本楼"。楼主推己及人的胸怀跃然纸上,更希望本楼福气常存。另外,赤坎耀华坊(俗称加拿大村)"春如楼",门联为"国光勃发,民气苏昭",其神台联曰:"先代治谋由德泽,后人继述在书香"。自力村"港庐"门联曰:"厚德载福,和气致祥",岐岭村"森园(庐)"门联曰:"人修骏德,天锡鸿禧。"

月山镇大湾村碉楼对联曰:"怀忠孝信义,喜博爱和平""吉光久远,庐振书香"等,都寄托同样希望。

开平最早碉楼"迓龙楼",意为善待龙王,使当地免遭洪灾。1919年,该楼全修,易名"迎龙楼"。门联有二,顶曰:"迎龙卓拔,楼象巍峨";底层则曰:"通猫瑞稔,龙虎气雄",都不同凡响。其中瑞稔指丰收,有猫食田鼠一份功劳,故猫也入联。据传迓龙改名迎龙以后,当地出了几位名人,人以为与楼有关,其中一位陈宗毓,当了恩平县长,他为新楼写了两副对联。正门联曰:"迎来门外双峰石,龙伏岗中百尺楼"。后门联曰:"占风门开通瑞气,贪狼阁峙显文章"。

"占风"和"贪狼"为天上星宿名，对应地上，为吉地，由是财运兴盛，人才辈出。实际上并非如此，两者并无因果关系，只不过文章是人做的罢了。

三是抒怀内容。触景生情，感怀身世，抒发个人情绪也经常入联，如与迎龙楼同一地方的"继美楼"，题联也出自陈宗毓之手。其联曰："继晷焚膏追往哲，美人香草慕前贤"。

效法古人挑灯夜读，博取功名，自抱得美人香草而归。功利心虽重，但对鼓励乡间士子刻苦攻书，不无作用。此联为楼联中佳作，至今仍传颂不已。然而，借楼寄意排解个人情绪的莫不过于塘口镇自力村"云幻楼"，是座著名碉楼。

楼主人方伯泉，自幼好学，长成在家乡执教鞭，后到南洋发展，卓有成效。1920年回乡构建此楼，并取了个含意深邃的楼名，其顶横额是"只谈风月"（与当时流行"不谈国事"相应），而门联则很长，其曰："云龙风虎际会常怀念标壮志莫酬只赢得湖海生涯空山岁月；幻影昙花身世如梦何妨豪情自放无负此阳春烟景大块文章"。

开平塘口自力村云幻楼
楼顶柱廊（李玉祥摄）

果然出手不凡，气势不俗。看来只有久经历练之人，才写出此等文章。但在旧中国，怀才不遇，甚至落魄者大不乏人，三埠迳头里李成伦，是旅美一位出色演员，后被人迫害，返回故里，筑"索居庐"以居。其自撰联云："盘溪甚水，农圃为家"，颇有仿效陶渊明归隐之意。类似李成伦遭际的人亦不少，一些人躲进碉楼成一统，管他冬夏与春秋。塘口镇龙和村长安里有座共和楼，有东西两门，东门对联是："坐为琴书显征经纬，乐在山水以观智仁"。西门对联是："树色鸟声南宫北苑，墨缘书味东壁西园"。情景交融，书卷气也足，为那个时代一些人选择的归宿。

四是时代内容。碉楼产生时代风变幻，社会变革频仍，都与侨乡命运息息相关，楼主人也有不少有识之士，关心国家、地方、家乡大事，将这些内容，注入楼联中，且为数不少。塘口镇四九村民国元年（1912年）建"淀海楼"，楼主以"民国"初肇为题，撰联曰："民权可贵，国体光荣"，对孙中山三民主义笃信不渝，且大加赞美，甚有见地。塘口镇五星里有个叶启焕，其"镇庐"联为："民歌盛世，国际太平"，也紧跟时代形势步伐，讴歌新时代来临。20世纪30年代，侨乡匪患平定，经济好转，建楼成为时尚。1935年，塘口大安里建"怡怡之居"，东西门口各有一联曰："文明发达，世界维新"；"家齐物阜，国富民强"，反映了时代潮流。此前广东军阀混战不已，民不堪命，百姓望停止内战。有位美国华侨杨绍简，回塘口二南芬村建"止戈为（应为偃）武"楼，门联是："寄怀楚水吴山外，得意唐诗晋字间"。又有逃避现实，寄情山水和故纸堆之虞，反正也是一种无可奈何的处世态度，但鲜明地提出"止戈偃武"，并以此为楼名，赫然入目，也是难能可贵的。

在开平侨乡碉楼中普遍使用的一些对联，鲜明地表达对西方文明的赞美、追求，对中华传统人文精神的执着和坚守，为侨乡中西文化二重性的范例。其联一曰："成式仿欧工杰阁崇楼创业共推中外望，宏规贻世泽培澜滋桂承家喜有子孙贤"。二曰："风同欧美，盛姚唐虞"。

广州六榕寺住持铁禅和尚题写"瑞石楼"
（李惠文摄）

3. 书法艺术的长廊

无论楼名还是对联，都有其书法价值。五邑有不少书法爱好者，受我国书风，尤其岭南书法影响，追求古朴端庄、苍劲雄浑风格，习颜柳体、赵萱体、魏碑体等，并以这几种体书写楼名和对联，为碉楼增色不少。大概可分为两种人。一种是名人、书法家题写。这些楼主人经济富有，有社会地位，延聘政要或社会名流、书法家题写楼名、对联，借以提高碉楼和自己身份，当然也有附庸风雅的。如"瑞石楼"三字为广东著名书法家、广州六榕寺住持铁禅和尚题写。

"立园"由番禺人，著名书法大师吴道镕书写，园内对联由吴道镕和司徒枚等书法家写，立园由此成为一个书法艺术长廊。而赤坎"长安楼"为广东省长胡汉民书写，因楼主人为富商、上海南洋兄弟烟草公司董事，与胡氏交情甚笃，借此炫耀家声，震慑匪盗。另一种是当地书法爱好者，开平碉楼楼名和对联，多出于他们之手，比较著名的有关国和、邓荫隆、方文娴、冯芳奇、李希维、司徒校等。只是岁月流逝，风雨侵蚀，或者他们谦虚，这些书法者姓名或者模糊不清，或者本来就没有落款，所以至今能辨清楚的人名委实有限，给碉

台山端芬镇平洲门楼对联（陈国汉摄）

楼历史留下遗憾一笔。

五邑碉楼的楼名和对联，是侨乡文化最辉煌一个篇章。它隐喻的文化内涵非常宽广深刻，加上楼体高大、壮观，而成为村落第一个入视点，产生第一印象。故对其进行专题研究，不仅有历史价值，而且对当今城乡建设、建筑设计，都可提供重要参考和范例，非常值得继承、发扬和开发利用。

四、碉楼规划和设计

五邑碉楼与村落实为一体，经过科学规划设计，才产生出时代建筑精品，蜚声岭南建筑史册。

1. 采用西方规划制度

近世西风东渐，西方城市规划布局制度首先流布广东,并在澳门、香港、广州等城市实施。五邑侨乡也属其列。据光绪《新宁县志》，台山县城原有18街3巷，同姓8里，呈东西、南北走向。1922年开始，台山由县长刘栽甫主持，成立市政建设办事处，在拆除城墙基础上，按欧美规划和建筑式样，重建西门路、县前路、环城北、南、西路，改建南昌路、中和街、北盛街等10条马路，以及其他道路、市政工程，形成新商业中心。马路平直宽阔，井然有序，县城面貌焕然一新，经济迅速发展，台城被时人交口称誉为"小广州"。江门市1925年成为省辖市，即新建多条马路、运动场等公共设施，不久又制定市政建设大纲，建设工业区、商业市场、侨眷住宅区等，成为一座崭新工商业城市。此外，开平赤坎、鹤山沙坪作为县城，也按西方规划制度开展城建，与台城、江门等一样，形成新城区。如开平市永福路、新华路、风采路、中和路等骑楼街；台山东华路、通济路、北塘路、健康路、县前路、南门路等都是受西方整体式网络布局思想影响，整体连片布局，与广州等一些城市镂空式非连续布局不同，反映接受西方文化差异，这些城镇格局大部分留存至今。

在五邑墟镇乡落，西方城镇规划制度也渗入其中。这主要反映在巷道用地和其他公共附属设施布局上．实行统一划分宅基地，统一规定建筑物占地面积，统一安排道路网络和排水系统，统一规范民居建筑式样和附属建筑，统一种植风景树种等，这显然与具有很大的随意性和零乱的传统的乡镇布局形制有很大区别。最典型事例如开平塘口、赤坎等镇村落，呈梳式格局，主要巷道纵横相交，纵巷道宽约1.5米，横巷道宽0.9米，将房屋分隔，利于防火，祠堂、水井、畜栏、厕所、粪池等公共建筑分布在村子两头或防护林中，形成功能分区明显、布局井然有序、环境优雅、安全舒适的方格网状平面结构。又如台山海宴镇甄姓村，该姓成员原分布在4个村落。光绪年间(1875—1908年)，生齿日繁，出现地狭人稠现象，重新规划村落，全族5600多人被安排在新旧两围共93村。其配置格局与上述开平新建村落完全一致。这些新规划兴建村落，加上碉楼、骑楼等西洋建筑风貌，文化景观独具一格，卓然屹立于五邑大地，故被戏称为"加拿大村""南洋村"等。

2. 土洋结合设计

碉楼作为建筑史上杰作，理应有设计图纸为建筑施工依据，但据张国雄博士多年调研考察，迄今未找到一张有关建筑图纸，而成为一个谜。但现有的一些旁证材料，仍能揭示碉楼设计来源，反映侨乡人的聪明才智和中西结合的文化风格。据张国雄博士研究成果，碉楼设计来源，大致可分为几类。

一是楼主对海外建筑的印象和记忆，构思出设计方案，画成图纸（不是建筑学上严格意义设计图）。如有名瑞石楼的主人黄子祥，其侄黄滋南长期在香港谋生，那里高楼大厦令他陶醉，也激起他火一般创作热情，他以素描方式画下这些西方建筑，回乡请当地泥水匠依画施工，历时三年，于1925年建成瑞石楼，成为开平碉楼结构。另一位贵通楼楼主张桥通早年侨居巴拿马，1919年在当地请一位设计师按自己构思画出图纸，回国亲自监造，终于建成。其人留在故乡，住在楼中，直到去世。还有沙岗镇那竹村西安楼，建于1921年，设计师为该村印尼归侨冯琨良，他是一位建筑工程师，但也是没有建筑图纸条件下建成此楼的。

二是明信片上或相片上的西方建筑图片。侨乡与海外书信往来甚多，明信片上多绘精美西方建筑，令人惊叹。碉楼主人从中受到启迪，继而仿效其式，作为建楼设计图纸。如上述瑞石楼风格与一张香港"邮政明信片"十分相似，张国雄博士认为楼主人是以此为据建造了这座古罗马穹隆式碉楼。这张明信片尚存，保留了一段楼主人写的文字，印证了瑞石楼设计来源。其文写道："开埠初期的香港，是英国在远东的前哨站，中西船只往来穿梭，贸易频繁。短短数十年间，从平平无奇的渔村，发展出不少新式建筑物，使一条曲折的海岸线，渐生姿彩。香港的成长之旅，正是现代香港人感情之所系，而一张旧的明信片，确能引起一段段历史的情思。"开平著名的碉楼"立园"也是以明信片上面式建筑为蓝图设计的。现园中设"开平碉楼展示馆"，内有不少明信片，解说词指出："这是20个世纪20年代开平华侨寄回的，它们给开平泥水匠展示了西洋建筑艺术之一斑。我们现代人可以领悟在开平的大地上耸立大量体现西洋建筑艺术风格，体现中西建筑艺术相结合的碉楼，以及店铺、学校等建筑的根源。"

三是壁画。现存碉楼内大门和墙壁上，多绘有壁画，岁月磨蚀虽使它们有的暗淡无光，但仍有不少色彩斑斓、光色迫人。其上绘有小火轮，大轮船，碉堡、火车、汽车、飞机、高楼大厦、灯塔、穿西装行人等，一派西方城市景观，彰显西方发达物质文明和精神文明。楼主人出于对这些景观的爱慕，将其绘上碉楼内外，一方面反映侨乡文化特色，另一方面也成为碉楼设计范本和依据。

近年张国雄博士进一步研究，提出开平碉楼的设计有三种形式，。一是聘请外国设计师设计。今开平获海余氏宗祠风采堂和风采楼，于1915年"以五百金雇西人鹜新绘式"而建。即不少碉楼是开平侨民直接从香港或国外带回碉楼设计施工图纸建成的。直到20世纪八九十年代，开平还有华侨从海外寄回图纸，供建祖屋。由此上溯，开平有些碉楼为外人设计是可信的。二是聘请设计师设计，这些设计师多来自广州等地。有建筑设计专业知识，或为专业设计人

开平碉楼壁画（王培忠摄）

员。他们设计碉楼，不少是名楼。如百合镇雁平楼为开平一位"著名建筑师"设计，1932年夏日动工。1923年荻海群济医院设计图纸是长沙镇邓爵"图式师"（设计师）设计的，工银150元。1932年赤坎镇司徒氏通俗图书馆牌楼，最后请广州李卓工程师，依照北平（北京）正阳门设计，保存至今。三是当地泥水匠设计。他们有实际经验，先绘成草图，描绘造型，不断修正，凭借祖辈相传技术和自己聪明才智，也完成不少碉楼建设。赤坎两堡村委会兰村余卓焕即为建筑世家，祖上设计过碉楼穹庐顶、燕子窝、罗马圆柱、伊斯兰尖叶拱等结构形式，在当地颇负盛名，曾保留有碉楼草图。惜这些图纸在"文革"动乱中被付之一炬。

　　碉楼设计精美、灵活、巧妙，水平极其高超，得到我国建筑工程学界、华侨问题专家的高度肯定和评价。1998年"江门五邑侨乡传统建筑风格与现代城市建筑特色研讨会"就"关于五邑地区侨乡建筑风格"达成六点共识，作为《会议纪要》一部分。会议指出，五邑侨乡建筑"在对外文化吸收方面，并不是处于强制的政治压力，（殖民地、租界或宗教传统等），而主要是由侨胞自海外采选传入。由于不是强制的灌输，而是主动的吸纳，因而不是全盘照搬，且多系非专业人士所为，因此多采取其外在形式及适用于当地的材料和技术"。这个评价十分精到和中肯。建筑史专家陈泽泓在《岭南建筑志》更对碉楼设计和影响作过论定，认为侨乡碉楼、居屋"是华侨从国外带回的图纸施工的，由此带有强烈的侨居国的建筑风格，进而带动了侨乡建筑风貌的改观"。正因为如此，侨乡碉楼和其他建筑得以在我国地域建筑体系中独树一帜，举世瞩目。

开平赤坎司徒氏图书馆（李玉祥摄）　开平赤坎关族图书馆（李玉祥摄）

五、中西合璧的建筑文化风格

碉楼是中西文化交流的结果，从其建筑用材、立面造型、外观到楼内摆设等观察，既有西式元素，也有中式根基，二者整合成一个完美建筑作品，呈现浓厚中西建筑文化风格。

1. 碉楼用材类型

碉楼建筑用材，以时代差异，可分泥楼、青砖楼和钢筋水泥楼等三种基本类型。

泥楼包括泥砖楼和黄泥楼两种。前者是生泥经牛或人力反复踩踏成熟泥，经模具成形，晒干即可使用。这种泥砖成本低，但强度差，容易被风化，砌楼后须在墙体外抹一层灰沙（后为水泥），以延缓楼体衰老和崩塌。这种碉楼在五邑保存甚少，但作为碉楼刍型，仍有它历史意义，不过这是本土传统建筑，仅有抹墙外水泥为舶来品，算是一种文化参与。黄泥楼在开平、台山等地较普遍，通常用黄泥、石灰拌以细砂，有的还加蔗糖、泥筋，用模板夹紧，一层一层夯筑而成（当地人称捁墙）。这种楼墙体厚实，约50厘米，楼高三至五层，可登高瞭望，冬暖夏凉，同样又可防备盗贼侵袭。缺点是容易风化。时序迁流，这种泥楼现在保存下来的甚少。但方志记载却很清楚，光绪《新宁杂志》卷二"石楼避贼"云："浮石向有石楼二，其一已毁，其一墙址尚存。下用石筑，基中实以土，高丈余，其上乃起墙造屋。如此则山贼之来，剽掠较难耳。"

青砖楼分三种类型：内泥外青砖楼、内水泥外青砖楼和纯青砖楼。第一种是泥楼外侧镶上一层青砖，外观好看又有助于防止雨水渗透，有效地防止墙体衰老。第二种是墙体内外两侧均用青砖砌成，中间为水泥，既坚固又经济实惠。第三种墙体全用青砖砌成，美观、耐用、经济、具有中国建筑外墙特点。广东是水泥传入我国最早的地区，第一座水泥和砖石混合的建筑物是原广州岭南大学马丁堂（在中山大学校园内），建于1905年。此前，水泥不可能用于碉楼，故最早碉楼应是内泥外青砖楼。今台山现存最早碉楼建于清朝同治七年（1868年），为端芬镇那泰中闸村的"炮楼"，高4层，墙厚40厘米，占地30平方米，为砖木结构，算是台山碉楼"元老"。

钢筋水泥楼，俗称"石米楼"或"石屎楼"，为20世纪二三十年代兴起，用水泥、砂、石和钢筋建成。楼高4层以上，一般5～6层，最高可达10层。所用水泥、钢材多从海外或香港进口，造价虽高，但坚固异常，且不怕火烧，经得起各种袭击。抗战时开平、台山很多钢筋混凝土碉楼在日军迫击炮轰击下巍然屹立，敌人望楼兴叹。如开平赤坎潭江之滨南楼，即抵御日军炮火，完好无损，至今仍挺立在江滨。

2. 独树一帜的建筑文化风格

五邑碉楼作为近代中西文化交流产物，其建筑文化风格也林林总总，蔚为大观，在我国建筑艺术史上独树一帜。中西建筑文化结合在碉楼顶部和上部表现得最为充分和入目，也是碉楼建筑艺术最精彩部位。据20世纪80年代开平县博物馆对开平碉楼的类型作了调查，归纳为10种类型，包括中国古建筑的硬山顶式、凉亭式、庭院式、中西结合式、古罗马式、别墅式、印度式、新加坡式、教堂式等。但实际上，这种分类显得交叉重复，操作上有难度。故经进一步论证，现大致划分为以下几种类型：

（1）中国硬山顶式。这是我国传统建筑双坡屋顶一种形式。房屋两侧山墙同屋面齐平或略高于屋面；屋面以中间横向正脊为界分前后两个坡面，左右两面墙或与屋面齐平。根据清朝规定，六品以下官吏与平民住宅的正堂只准用硬山顶或悬山顶式。故早期碉楼以这种屋式居多，如开平赤坎迎龙楼就属其列。

（2）中国歇山顶式。即屋顶共有九条屋脊，一条正脊、四条垂脊和四条饶脊，故又称九背殿，如百合镇雁平楼即是。

（3）中国凉亭式。如蚬岗镇孔捷楼，顶上建凉亭，是为碉楼式。

（4）古罗马式。为地中海一带建筑，继承了古希腊文明建筑风格，盛行于罗马帝国时期（前30年—476年）。明末由利玛窦将这种建筑书籍和图片带入广东，但并未推广。古罗马式建筑线条简单、明快、造型厚重、敦实，有厚实砖石墙、半圆形拱券、逐层排出的门框装饰和交叉拱顶结构。蚬岗镇瑞石楼为这种建筑代表。

（5）巴洛克式。巴洛克一词意为畸形珍珠，17—18世纪在意大利文艺复兴建筑基础上发展起来一种建筑和装饰风格。其特点是外形自由，追求动态，喜好富丽装饰和雕刻、强烈的色彩，常用穿插的曲面和椭圆形空间，广泛用于教堂、修道院、宫殿、城堡、别墅、花园等。赤坎镇沿河民居即多这种建筑。

（6）意大利窟窿顶式。源于欧洲，清代引入我国，民国时广州中山纪念堂即吸其特点修建。其建筑平面的十字架横向与竖向长度差异较小；交叉点上为一大型圆穹顶，空间跨度大，没有立柱显得很宽敞。百合镇马降龙村碉楼群即为这种建筑范例。

（7）欧洲古堡式。源于欧洲中世纪庄园住宅，墙厚，窗小，墙有侧角、儿女墙垛、有的带望塔，闭塞性、防卫性强。我国以青岛最多。开平塘口镇迪光楼是一个典型。

（8）混合式。多种建筑形式混合而成，如柱廊与平台式混合或柱廊与城堡式混合，或平台与城堡混合，结果碉楼显得华贵、典型的有蚬岗镇锦江楼。

当然，也有另外一些分类，但实际上大同小异。例如有人分传统屋顶、仿意大利穹隆顶式、仿欧洲中世纪教堂式、仿中亚伊斯兰教寺院穹顶式、仿英国

开平月山镇肇龙村更楼
燕子窝（何健栋摄）

寨堡式、仿罗马敞廊式、哥特式、折中式、中国近代式等9种。2004年，由开平有关部门组织的开平碉楼调查表，就把碉楼分成"中国传统形式"和"外来形式"两大类。前者又细分悬山、硬山、攒尖、小亭、山墙等形式；而后者则有穹顶、山花、凉亭、柱式、腰线、平顶等形式。在"风格与样式"一栏，又划出中国传统式、文艺复兴式、巴洛克式、哥特式、伊斯兰式、拜占庭式等6种。其立面、外观、功能等与上述分类无根本不同，各有千秋，只是表达方式、文字稍有区别而已。

这些碉楼，虽然风格上中西结合，但也不乏创新。如出于防卫需要，碉楼顶设悬批的"燕子窝"，实是类似突出墙体外一个阳台，可以居高临下，凭借广阔视野，构成交叉火力网，射击匪盗，为五邑人独创。

碉楼显示楼主人的经济实力、审美情趣、个性特征，故楼主会着力、倾情经营碉楼形式和风格，使碉楼造型千态百态，各种装饰图案争妍斗艳，万紫千红。五邑碉楼数以千计，其造型几无一重复，甚至连一些姐妹楼许多折点、碎部都有差异。这不能不令人折服设计者的智慧和水平，施工建设者的高超技巧。而上列碉楼类型，最富魅力的是西方各种建筑风格，如希腊柱廊、古罗马各种柱式、中世纪欧洲城堡的圆柱体岗塔、罗马或伊斯兰的拱券和穹隆，哥特式尖拱、巴洛克风格的山花、洛可可特征的图案、西式的卷草涡卷草璎珞等。不管是大的造型，小的构件及其装饰手法，都荟萃了西方不同历史时期、不同地域、不同宗教的建筑艺术成就。从正宗、规范视野观察，五邑碉楼难免不合乎有关标准，有人评为不三不四，不中不洋等等。但实际上，这是五邑侨乡民众化中为洋、化洋为中，两者整合、创新的成果。

碉楼到底是乡土建筑，岭南传统文化仍是它一个主流。在楼外墙上，通过灰塑大量采用"福""禄""寿""喜"等字形和金钱、龙、凤、麒麟、八仙、荷花、佛手、石榴、中国结等图形，表现楼主人企望、情趣和心态，说明本根文化仍牢牢地掌握着侨乡民众。

在碉楼内部摆设和用具上，也表现出中西文化和而不同、共存共处的格局。在楼内客厅、卧室、厨房、洗手间、杂物间等处，既有西式沙发、暖水壶（热水瓶）、地板砖、地毯、吊灯、抽水机、刮须刀、洋琴、照相机、留声机、电筒、发电机、水枪、西式餐具、壁炉、抽水马桶、浴缸、西式床和卧具、煤气炉、汽灯、花洒、西式梳妆台和各种化妆台，各式西装，妇女用玻璃丝袜、杀虫粉、润肤露，以及墙壁上粘贴西洋画和风景照，不乏宗教题材和西洋雕塑像等。但也大量保留当地工具、器艺部件，如雕花木床、八仙桌、满洲窗、条凳、马闸、太师椅、神坛、天官、灶君、神龛、祖先像、油漆皮箱（金山箱）、墙上衣柜里的唐装，国画、条幅、历史人物、故事、古诗词、木桶、铁锅、缸瓦、大碗、筷子、烧火棍、竹篾器、各种铁质和木质用具等，与上述西式器具共处同一空间，各安其位、各得其所，形成一种和谐、协调氛围，堪为岭南文化一个缩影。

开平碉楼内中式家具
（何泳瑜摄）

特别是碉楼客厅壁画多配诗文，并署作者的姓名，或抄写古人诗词名句。据五邑大学梅伟强先生收集到资料，在"性如别墅"厅堂壁画两侧警句是："汉书云黄金满赢不如教子一经遗子千金不如教子一艺；至乐莫如读书至要莫如教子古者易子而教父子之间不责善。"这是楼主人谭华强1930年所书。西溪居士在自己"六也居庐"厅堂壁画写警句是："勤俭兴家之本修身齐家之本读书起家之本；正心积善之基节约积财之基修德积福之基"。

这些警句，思想性、针对性都很强，有很深刻启示、教育、劝世、警世、醒世等意义，至今仍不失去其思想光辉。

古诗词入厅堂壁画、屏风的也不少，增添了厅堂风雅之气和文化氛围。如"铭石楼"首层大厅屏风镶嵌花式玻璃、绘制10余幅山水、花鸟、虫鱼、人物图画，并配以篆、隶、草书写的诗文，把厅堂点缀得熠熠生辉，书香扑鼻。其中有唐诗人王之涣《登鹳雀楼》诗云："白日依山尽，黄河入海流。欲穷千里目，更上一层楼。"此诗雅俗共赏，脍炙人口，为"铭石楼"大为增色。实际上，这类诗词在碉楼上不乏其例，说明中华传统文化在碉楼群中根深叶茂，从不衰败凋零。

基于侨乡社会经济发展水平、历史进程、社会治乱等不同，五邑碉楼也有地域差异，主要体现在用材和建筑文化风格方面。新会历史悠久，以中国传统式碉楼为多。例如棠下镇良溪村的"镇北楼"和"镇东楼"建于20世纪20年代，圆柱体，高三层，顶层作瞭望放哨使用，二、三层共开30多个枪眼，供射击用，空间封闭，为典型传统碉楼。而南部崖门、双水、古井一带碉楼，为夯土楼或砖楼，硬山顶式，西方文化元素甚少，但靠开平的大泽、司前、牛湾等镇的碉楼，西方文化成分明显增多，与开平碉楼相类似，显系受其影响所致。

恩平碉楼也有与新会碉楼相类似情况，即其西部那古等镇的碉楼以夯土坡顶的中式传统风格为主，而邻近开平的君堂等镇碉楼以钢筋混凝土为多，上部造型、风格多样，明显受到开平碉楼影响。开平之东鹤山碉楼主要集中分布在靠开平若干个镇，如址山镇碉楼以砖楼为主，与开平月山、水口镇砖楼风格相似。鹤山碉楼虽也采用钢筋混凝土结构，但上部造型、花样仍属简单。而台山碉楼数量多，但西方文化元素、式样、类型比开平少，建筑也不及开平碉楼精细，颇为粗糙，质量不如开平碉楼那样高。不少台山人也认为，开平碉楼比台山碉楼漂亮，正因为如此，有人认为，开平碉楼是五邑碉楼的中心和代表，并对周边地区发生辐射作用，带动它们的发展。由此，开平碉楼列入世界文化遗产名录，实至名归，一点也不含糊。

六、五邑碉楼的历史价值

五邑碉楼作为特定地区，特定时代产物，除了它作为建筑物所蕴含的建筑、艺术、中西文化交流的意义以外，还有广泛的历史和应用价值，非常值得重视。

1. 侨乡社会经济发展史

五邑碉楼，从明嘉靖迓龙楼开始到20世纪30年代抗战前夕终止，建设时间持续长达400多年。这期间发生许多重要历史事件，都在碉楼上留下某种记忆，所以碉楼实是一部鲜活的地方史，这包括在多个方面，都反映碉楼的历史价值。

（1）匪患史。五邑碉楼最主要一个缘起是为防卫而建，其兴衰变迁反映了五邑地区匪患历史。据开平博物馆原馆长阙延鑫先生统计，1912—1930年，仅开平发生匪劫案49宗，平均每年2.7次，几乎每年都有发生，最多是1929年达6次之多。土匪抢劫对象有县城、学校、商店、教堂、民宅、人员、耕牛，以及其他财物。这些穷凶极恶匪徒，杀人越货、奸淫妇女、残害幼童、焚烧房屋、践踏禾稼、勒索钱财、动辄"撕票"，造成极大的社会危害。如开平《横安里创建广安楼小序》所说："盖自催符遍地，逷尔俱属狼烽，荆棘满途，日夜成鹤唳。官无能，捕拥盗，贼愈见猖狂。或则掠物掠财其害人不浅，或则掠人死命其害人又深噫，惨无天日矣。"

（2）洪患史。潭江流域冲积平原和山间盆地，常由于河水暴涨或山洪暴发而招致洪灾，危及农业生产和社会稳定，亟须高楼使灾民避险。而原有传统的"三间两廊"式民居以1～2层为主，遇到洪水很容易被淹没，在台风和暴潮来临时尤为严重和常见。民国《开平县志·舆地略》云："数百年前之开平东南半部皆为海坦。"地势低洼，每遇暴雨，顿成泽国。每及此时，碉楼成了避难所。著名"迓龙楼"，在光绪甲申（1884）年大水，村人登楼获救，民国《开平县志》记载此事。又苍城镇旺岗冯屋村有一座7层碉楼，每当洪水袭来，居民均上楼上层躲而脱险，群众称之为"救命楼"。类似事例不在少数。碉楼所存留洪水时间、次数、水位、灾情等资料，反映洪水出现频率、强度、周期。特别是碉楼遍布潭江流域，多座碉楼连成网点，保留资料具有规律性可寻，具有重要的水文气象、防灾减灾意义。

（3）经济史。碉楼修建资金来自海外，其数量多少，汇回时间早晚、方式，使用状况等，一方面反映华侨在海外经济收入状态，另一方面也显示侨乡经济兴衰，在时间维度上说明侨乡经济变迁史，具有重要研究意义。如在开平，自明中叶到清末，是碉楼初兴时期，保留下来碉楼数量少，皆为传统土楼，材料取于当地，说明侨乡还是农业社会，经济落后，百姓生活困难，难有余力修筑高楼。而华侨在海外正处艰苦谋生时期，积蓄欠充，侨汇较少所致。而民初到抗战前夕，五邑华侨人数大增，陆续汇回不少血汗钱，为建楼奠定坚实经济基础，碉楼数量猛增。据统计，开平碉楼1909—1939年建造的有415座，占可确定建造年代总数（433座）的96%，说明这是开平侨乡经济最兴旺，也是建楼鼎盛时期。民国《开平县志·舆地志》称："自时局纷变，匪风大炽，富家用铁枝、石子、土敏土（水泥）建三、四层楼以自卫，其艰于赀者，集合多家而成一楼。先后二十年间，全邑有楼千余座。"宣统《开平乡土志·实业》记载这一时势曰："以北美一洲而论，每年汇归本国者实一千万美金有奇，可当我二千万有奇。而本邑实占八分之一。"民国《开平县志·舆地略一·生计附》云："开平人富于冒险性质，五洲各地均有邑人足迹，盖由内地农工商事业未能振兴，故近年以来而家号称小康者，全恃出洋汇款以为挹注。"这为建楼提供充足的经济支持。自抗战到建国前夕，侨乡社会动荡不安，人心浮动，经济不景，加之太平洋战争爆发，海外交通中断，侨汇不继，生计尚难维持，自无力修建新楼。抗战胜利后，五邑侨汇恢复，经济复苏，社会治安已趋于稳定，但碉楼动因不再，修楼画上一个句号。据记载，开平最后一座碉楼是1952年建的苍城镇莲塘村门楼。

在以侨汇为经济支柱的台山，碉楼修筑一直与经济兴衰相始终。19世纪60年代为台山碉楼建设起点，因为鸦片战争后大批华侨在富裕的美国、加拿大生活，侨汇不断寄回，台山经济实力增强，购地建楼蔚为时尚，大批碉楼与骑楼乘势而起，墟镇面貌焕然一新。但到抗战期间，特别是1941年日军两占台城，以及太平洋战争爆发，侨汇中断，台山经济几乎崩溃，谈不上建楼。饥荒也接踵而至，至1945年抗战胜利，整个抗战期间，全县饿死14万人，占当时台山人口相当高比例。不少饥民流亡到阳江一带就食。这一人间惨剧，写入水步墟蔡雨人诗中，其曰：

苦上复加苦，粮价又离奇。

千银买斤米，有谁能维持？

故衣既卖尽，只好折屋基。

桁桷且不顾，安能顾门楣？

物物都卖尽，难充数日饥。

虽是中人家，还要吃树皮。

纵横数十里，难见烟火坎。

一巷十数户，关闭八家离。

出行无所见，白骨与横尸。

纵教铁石人，见之也酸悲。

抗战胜利后，台山经济与开平一样，由于侨汇恢复而走出低谷，但时势改变，兴起的不是建碉楼，而是将侨汇购买土地，或办理移民美国手续，侨汇与碉楼链条至此断裂，台山侨乡经济进入常态发展局面。

这样可以说，五邑碉楼实为侨乡经济的晴雨表，碉楼兴建时间早晚，数量多少，分布地区，文化风格差异等，都与侨乡经济来源正相关。两者如同两条平行起伏曲线，向同一个方向变化，展示侨乡经济轨迹，也是一部侨乡经济发展史。

（4）华侨史。碉楼在侨乡具有巨大的凝聚力和向心力，很多华侨一辈子的积累都投在碉楼上，也是他们叶落归根之所在。楼主人散布世界各地，侨居在不同制度的国家和地区。这些国家和地区的种族、民族、族群不同，经济水平不一，社会文化差异很大，但楼主人在当地谋生之同时，仍保持着与侨乡千丝万缕的联系，经济的、文化的往来，碉楼是一个轴心，也是结连侨乡与侨居国的纽带。碉楼建设和兴衰，总是牵动着这些海外赤子之心。所以，碉楼史也是华侨史一个不可或缺的组成部分，调查和研究、编写华侨史，碉楼是一个重要对象。如近年以五邑大学张国雄博士为首的课题组对五邑碉楼田野调查大纲，就列上"华侨的历史"一项，包括华侨主要分布国家和地区，当年出国动机、方式，在海外谋生职业或工作，与家人的联系，对碉楼的印象等。碉楼史写清楚，将为华侨史提供极有价值材料和实证案例。例如张国雄博士收集到不少关于集资 建楼文书材料，即反映华侨与碉楼建设关系。如开平司徒氏图书馆刊行《教伦月报》第47期"族闻"栏载《族侨返美调查》条记"黄其塘族人（司徒）俊超、俊灿、俊瑞三君，前数年由美旋家，各建碉楼屋宇，用资几及万元"。同期《碉楼落成》条记"澄溪里人文厚君，父子经商于美，积有余资。现在该乡建造碉楼，业经完竣"。又侨刊《潭溪青年先锋》1927年第8期《本族新闻》栏记载："（圈村）兰和，向往墨国，于旧岁秋间，满载回唐，为保护安全起见，现在该村后方，大兴土木，建筑碉楼一座，闻落成之期，行将不远矣。"直到1948年，《茅冈月刊》6期仍载建楼之事："本乡于民国初年，因匪氛披猖，闾里不宁，故自民十一后，各村侨胞，为保护家乡巩固自安起见，咸纷纷建筑碉楼，添置枪械，守望相助，厉行清乡，有乡内贤达联络华侨，酿资建一碉楼于茅丛岭之巅，配有探照灯，夜间遣派团勇看守，裨益于乡间治安极大。"举凡这类记载，不胜枚举，但都集中在建楼资本来于华侨事实。没有侨汇，建楼举步维艰，甚至不可能。由此可见，以碉楼资金为核心，直接反映了经济发展变化，侨汇兴则碉楼兴，侨汇断则碉楼衰。这种正相关，无疑是华侨史应研究交代的问题，也是碉楼研究一个主要成果。

（5）抗战史。碉楼所具有的防御功能，不仅威慑匪类，有效地抵御他们劫掠，维护侨乡生命财产安全，而且在抗日战争时期，在抗击日寇侵犯、捍卫侨乡安全中发挥重要作用，谱写了爱国主义篇章，非常值得纪念和讴歌。

1938年广州沦陷后，日寇不断蹂躏广东大地，珠江三角洲是重点地区，五邑城乡屡遭日机轰炸。碉楼体量高大，外观特殊，很容易为日机识别而成为攻击目标。为了避开轰炸，五邑人采取不少措施，如涂上保护色，甚至将碉楼拆除。1939年开平《小海月刊》写道："抗战以来，敌机频频飞我国各处城市，轰炸骚扰，至今犹然，即远处都市之穷乡僻壤，亦时闻敌机光顾。各乡为预防轰炸起见，特告诫较为壮丽堂皇之高楼大厦所有者，将楼房尽涂保护色，免为敌人轰炸之目标。"另该刊1940年登载《免拆碉楼之限制办法》记载："五邑碉楼奉准免拆，但须遵守下列免拆办法：①每楼由楼主武装壮丁两名以上守备。②敌如来犯，楼上壮丁如不抵抗，楼主应负全部责任。③如碉楼无壮丁守备者，应即拆除，免资敌用。"想见碉楼在抗战中发挥不可低估作用。在日军横行五邑城乡地区，当地居民凭借碉楼保护自己生命财产，抗日武装也以碉楼为据点，痛击来犯之敌，涌现许多可歌可泣事迹，被写入抗战史册。其中最悲壮一次是1945年7月16日赤坎南楼司徒氏家族七壮士抵御日军炮火，坚守8天，死敌16人，最后殉国的英雄事迹。当时有诗缅怀南楼七壮士联云："七士守南楼，两路倭寇曾被阻；三军逃夹水，四乡团队独留名。"详见下述。

碉楼在革命时期，也成为中共地下党活动的据点。如中共开平特别支部就在塘口谢创家的碉楼里成立，并开展很多重要革命活动，在开平党史上写下光辉一页。

2. 碉楼情结

五邑侨乡碉楼的出现发展和兴衰，交织着侨乡百姓、海外侨胞的血和泪，也凝聚着他们对碉楼的记忆、感情和忧虑，可称之为"碉楼情结"，与时下流行新型城镇化要记得住乡愁，一脉相通。

五邑碉楼随着社会环境变迁，主人出国、进城，大部分已弃置不用，有的淹没在灌木草莱之中，仿如一位世纪老人，神色憔悴，形容枯槁，亟待呵护和保养。但是，碉楼并没有从侨乡中消退，他依然联结着海外赤子对故乡的思念和牵挂，更是侨乡百姓日常生活一部分，每日每时都进入他们生活视野，朝夕相守，是他们的精神家园。

这里援引张国雄、谭国强《碉楼人家、文化记忆》中两座碉楼主人对他们所建"逊志轩"和"崇礼楼"的历史记载和缕缕情思，可为侨乡百姓碉楼情结的代表。其文是这样写的：

塘口镇岐兴村的"逊志轩"是一座具有一百一十多年历史的碉楼。楼左侧是"务时书室"，书室与祖屋之间是一片开阔的果园。楼主人周齐佑（67岁）与碉楼仍然是难分准舍，他在延续着碉楼的历史：

我的曾祖父叫周成敏，他十几岁就去到美国做工，经过很长时间，赚了一些钱，三十多岁时寄钱给他的哥哥周成权，在村里建了这座碉楼，我不知道建碉楼用了多少钱。后来曾祖父返唐山（即回乡）成了亲，曾祖母叫潘女妹。曾祖父娶亲后，又买了一些地，他还与人合伙在广州购置了房产，出租的钱用于家人的日常生活开支。

祖父周家传后来也去了美国，在罗省（洛杉矶）的洗衣店、餐馆、农场和体育中心都干过活，他的一个儿子和三个女儿全都在美国。

我和哥哥文佑自小在家乡与曾祖母生活在一起，后来文佑去了香港。曾祖父专门请人在家教曾祖母识字，"务时书室"就是为她建的。

我和祖母长期生活在碉楼里，果园旁边的祖屋只是做饭、吃饭的地方，除了在地里劳动，其他时间的生活都是在碉楼里度过，曾祖母更是与碉楼相伴一生。祖父等人也是在碉楼里出生，生活了很长一段时间，才去了美国。

我长大后成亲的新房也是安在碉搂，两个儿子和两个女儿都出生在碉楼里，也是在楼里长大的，后来去到外面做工。我的大儿子是2001年9月11日到美国纽约的，过了8个钟就发生了"9·11事件"，当时我们非常担心，这一天我一辈子都忘不了。

现在外孙女还与我们两位老人一起生活，她住在三楼她母亲原来的房间，白天去潭溪的宝树中学读书，晚上回来睡觉，自修。

我在潭溪也建有一座三层的洋楼，那里是一个市集，很热闹。现在洋楼交给二儿子管理，做一些建筑的活。碉楼里的房是小一些，没有厕所，也没有自来水，喝的水和洗的水每天都要自己提进去，不像在洋楼里方便。但是我们在碉楼里住了几十年，对它非常熟悉，很喜欢这里的环境，还是愿意住在这里。碉楼里面不用安装空调，窗户打开，非常凉爽，空气流通，很新鲜。儿子帮助在楼里拉了电线和电视线，可以看电视，知道外面发生了啥事。外孙女的房里不仅有电视机，还有影碟机、音响。我们在楼边建了一个厕所和冲凉房，生活比以前方便多了。每天，我和老伴喜欢在自家果园里锄锄草挖挖地，打理果树，种点菜；或者与村里的老人在村口的树下聊聊天，非常开心。

要我们住到集市的洋楼里去，会感到很不舒服，还是碉搂好。

周齐佑老人表达出他对碉楼的那份质朴的情感，对自己生活的历史、生活的习惯和周围的人文环境的深深眷恋和坚守，他不排斥新的物质生活形式，但是不希望宁静的生活改变轨迹。

沙冈镇杏美里崇礼楼的何邦基（66岁）老人则演绎出碉楼人家的另一种情

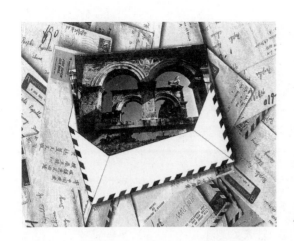

侨乡情结（石锦康摄）

怀。他说：

"崇礼楼是澳洲雪梨（悉尼）的何明燕在清朝光绪晚年寄钱回来，让他哥哥何森燕在村里建的，已经有一百多年了。

"森燕有四个儿子，大儿子（颂鹤）和二儿子（颂尧）都去了新加坡，再去到印度尼西亚。三儿子颂雅被朋燕接到了澳大利亚雪梨，在他开的远东酒楼做工。1946年又把森燕的第四个儿子颂椒接去雪梨，继承了朋燕的远东酒楼。

"我们家与何森燕、何明燕是一个祖宗，两家的祖屋又前后相连。森燕去世后，家中留下了二儿媳许尚珠，就住在碉楼里面。1947年我母亲受托也住进崇礼楼照顾许尚珠的日常生活，我也跟着在楼里生活过一段时间。

"颂椒每年都要寄钱给居住香港的颂鹤的儿子，让他回来看望二嫂和拜山，在楼里敬香。

"许尚珠1980年去世后，何颂椒与其他几位兄长的后人商量，共同决定委托我帮助照看崇礼楼，给我写有委托书。现在，每年颂尧在香港的儿子还要拿着颂椒寄的钱回来拜山，看看崇礼楼。

"就这样，我在1981年住进了崇礼楼，都已经有二十多年了。

"自己有一个儿子两个孙子，他们住在新建的洋楼里，就我一个人在崇礼楼生活。颂椒他们信任我，我要尽力把碉楼给看好，才对得起他们。我喜欢碉楼周围的环境，很安静，四周的树木还是原来的样子，我养了一条大狗，很凶，这样可以防止别人来偷来破坏。"

何邦基老人每天自己在碉楼里做饭，起居。有时很早起来，去帮助儿子、媳妇摆摆早市，卖些日杂用品，维持生计。他周而复始、平平凡凡的碉楼生活，延续的是今天碉楼人家对承诺的执着和对家族情谊的珍惜。

任何建筑都是社会变迁、文化发展的固化，是存在的活的历史。走进一个个碉楼家庭、家族故事，我们感知到了侨乡文化的群体记忆。与在沿海沿江一些城市所见到的西式建筑群不同，中西合璧的开平碉楼是落户在岭南沿海乡村，华侨华人是外来文化的引入者，他们与家乡的亲人们一道完成了不同文化的交流、融合。华侨也好，乡亲也罢，他们都是普普通通的中国农民，这些人是主动自愿向西方文化学习的。在一个社会动荡、贫穷落后的年代，这需要什么样的勇气和胆识啊！他们对外来文化的学习和引进，与近代的传教士、留学生和殖民统治者所进行的文化传播是那样的不同，使开平碉楼既洋气，又有很重的泥土味，它是中国农民创造的文化遗产。

碉楼作为华侨本根文化一个核心，华侨每回探亲访友、寻根问祖，必到碉楼前盘桓、登楼凝视，焚香拜祖，照相留念，抒发他们对祖屋、对故里一草一木、一山一水无限眷恋之情，特别是清明、重九，尤唤起他们的家国情怀，碉楼即为他们最为留恋、最富乡情的集体记忆。不论他们侨居哪个国家，漂泊到何处，碉楼总伴随他们的足迹，留在一代又一代海外赤子之心上，挥之不去，铭刻至永久。

七、开平碉楼荣登世界文化遗产名录

1. 全力以赴申遗

自2000年开始，开平市政府和有关部门和单位积极主动，相互配合启动

"开平碉楼与村落"申报"世界文化遗产"工程，为此费耗资金约1亿元，动用大量人力物力，全力以赴，志在必得。后以三门里明嘉靖迎龙楼，锦江里"开平第一楼瑞石楼"，自力村最精美15座碉楼和别墅，方氏灯楼和马降龙村13座碉楼等四条村落为提名地和碉楼范本作为申遗材料上呈。2007年6月28日，在新西兰举行的第31届联合国遗产大会审议通过，将中国的"开平碉楼与村落"列入《世界遗产名录》。中国由此诞生了首个华侨文化的世界遗产项目，也是国际"移民文化"的第一个世界遗产项目。

"开平碉楼与村落"申遗首席专家、五邑大学教授张国雄博士为申遗作了大量的前期研究，他和他的团队卓有成效的劳动终于得到联合国教科文组织的认可，得到海外侨胞、开平市政府和当地百姓的高度赞扬和表彰。申遗成功后，张国雄说："华侨华人不仅是国际移民，也是中华文化的传播者。""'开平碉楼与村落'体现了华侨文化的特点，也是国际移民文化的一个遗产。""回乡置业的华侨们不仅带回了外国的建筑文化，还带回了西方的制度文化、观念文化和其他器物文化，将这些西方文化和本土文化完美地融合在一起了。"

开平碉楼大观
（余健财摄）

2．申遗成功的意义

"开平碉楼与村落"申遗成功，举国欢腾，其意义十分重大。申遗成功当时，"江门新闻网"即发布其四大意义。

一是有利于规范地加强对开平碉楼与村落这一珍贵文化遗产的保护和管理。

二是有利于凝聚民心、侨心，发挥侨乡优势，促进地方的发展。

三是有利于新时期的先进文化建设。开平碉楼与村落申报世界文化遗产成功，意味着广东省实现世界文化遗产零的突破，文化大省建设取得了新胜利。

四是有利于世人对华侨文化的关注和研究，同时也为《世界遗产名录》增添一份华侨文化的遗产。

中外专家也对开平碉楼和村落申遗成功发表评论，一致认为它有非同寻常的科学、文化和艺术价值。兹列数位有相关专家评论。

联合国国际遗址理事会世界遗产协调员亨利·克利亚说："一天半的时间中被大家领着参观了你们非常独特的建筑。我不知道用什么来形容我所看到的东西。我所看到的这些建筑是独一无二的。"

联合国国际古迹遗址理事会专家乔拉·索拉指出："开平碉楼是非常罕见的世界性的遗产，类似遗产在世界上的可比性非常少，我们找不到太多类似的建筑作比较。……今天我们参观的碉楼与之不同（按指意大利城堡式、塔楼式建筑），非常富有乡土气息，使我们能品味到这个世界性遗产。"

以色列文物专家阿里·拉哈米莫夫说："（开平）本地人广泛地分布在世界各个国家和地区。这种独特的现象，一定能带来文化、建筑方面的理念。……这样就有各种文化的呼唤。通过外地开平人的思乡观念。把他们居住地方的文化理念带回来，而这种互动的理念是非常激烈。"

国家文物局局长单霁翔认为："这是一种主动吸收外来文化，结合我们本土文化创造的一种独特的文化景观。从这一点来说，开平碉楼是唯一的。"

国家文物局原局长张文彬认为："开平碉楼无论从它的建筑艺术价值还是文物价值都是很高的，因为它反映了开平华侨艰苦创业、艰辛开拓的历史。"

国家文物局古建筑专家组组长罗哲文指出："开平碉楼最大的价值就是代

表了我国近一二百年对外交流的历史，以及在这种历史条件下创造出一种人居环境，一种居住方式，而且这种是独特的、全国没有第二处。"

北京大学世界文化遗产研究中心主任谢凝高教授说："开平碉楼反映了侨乡文化，很多华侨在外国赚钱回来造碉楼，不仅仅是为家乡作贡献，更是为祖国作贡献。"

我国建筑业权威专家郑孝燮指出："开平碉楼之所以被视为国宝，就是因为它是我们在海外的华侨，特别是北美的华侨、祖国的根、家乡的根的体现。"

清华大学乡土建筑专家楼庆西认为："这是一种多元文化融合的典型的体现之一。这是一种外国建筑艺术大规模移植中国乡村的集中展现和杰出的代表。这是一种世界先进建筑艺术广泛引入中国的乡间、民间建筑的先锋，这是中国传统乡村建筑必然走向现代的最佳建筑艺术之一。"

自此，开平碉楼从五邑侨乡走向全国，走向世界，蜚声天下。由此引起研究开发、保护的热潮，特别是碉楼旅游热席卷广东旅游市场，取得巨大的社会、经济和文化效应，达到了申遗的初衷。但要真正保护、利用好这个国宝、全人类文化遗产，还要倾注极大的努力。

台山瑞芬镇美湾大金田村碉楼（余丽芬摄）

实际上，台山碉楼也为数不少，除了不及开平碉楼建筑精细以外，其他并无二致。台山碉楼虽因未申遗而知名度稍逊于开平碉楼，但五邑碉楼同是一个建筑文化体系，故台山和其他侨乡碉楼，在分享这一"世界文化遗产"荣誉之同时，相信也会得到鼓舞、推动对这一建筑资源的调查、保护和利用，其前景当可预期。

以张国博博士为首提交《开平碉楼与村落》申遗文本，为广东第一份世界文化遗产申报文本。申遗成功后，这一文本被国家文物局推荐为以后中国申报世界文化遗产文本的撰写范本。该文本获2006—2007年广东省社科调研咨询报告一等奖。

八、碉楼精粹

碉楼的价值是实在的，但未被世人认识以前，它默默无闻，被冷落在西风残照之中。开平碉楼申遗成功，它产生的冲击波抵达海内外。自此，开平碉楼身价百倍，举世瞩目，参观者络绎于途。开平现存1833座碉楼，都各有自己特点和价值，但最能震撼人心，给人以审美艺术感和精神召力是其中代表性碉楼。它们是碉楼中精粹，具有很高建筑艺术和历史价值，故已引起各方面关注，借助于各种渠道，走向全国，走向全世界。

邮票不仅是一种先付款后使用的有价证券，供邮件流转凭证，而且是一种有效宣传工具，可以在方寸之间，承载自然、人文等内容，传播到邮件所达一切地区。开平碉楼自21世纪伊始，即被邮政部门所关注，被选入邮票题材，借助于发行邮票，开平碉楼被推介到国内外，这对提高开平碉楼知名度、美誉度，作用匪浅。

2000年9月28日，开平市邮政局发行《开平碉楼》邮政普通邮资明信片，全套10枚，邮资图为牡丹花图案，面值均为60分。明信片主图案分别为开平的十大著名碉楼，用亮丽画面展现了开平碉楼及其背景乡村的独特风光。与此同时，开平市邮政局还发行《开平风光》普通邮资明信片，主图为牡丹图，面值均为60分，其中第7枚《开平碉楼》主图案为瑞石楼及其附近碉楼群。此为开平碉楼风光登上国家邮政邮资明信片舞台之始。而《开平雕楼》这套普通的邮资明信片，则是我国第一套反映开平碉楼风光的邮政普通邮资明信片，具有开平碉楼进入邮票领域的里程碑意义。

2002年4月12日，中国邮政为了支持开平碉楼申报世界文化遗产，发行一套《开平碉楼》特种邮小本明信片，全套10枚，为小本片形式，发行量50万套。各枚名称依次为《塘口镇自力村碉楼群》《蚬岗镇锦江里瑞石楼》《赤水镇大同村日升楼与翼云楼》《蚬岗镇坪东村坚安楼》《百合镇河带村雁平楼》《塘口镇方氏灯楼》《百合镇马降龙天禄楼》《沙岗东溪村姐妹楼》《百合镇虾边村适庐》《蚬岗镇东和村中坚楼》。这是著名的开平十大碉楼第一次荣登国家邮政特种邮资小本明信片，有力地提升了开平碉楼的知名度。

开平碉楼很快引起国内外关注，2007年3月1日，澳门邮政开始发行《中国内地景观》系列邮票，分别为《西藏冈仁波齐峰》《丽江古城》《龙门石窟》和《凤凰古城》《开平碉楼》。《开平碉楼》以铭石楼为邮票画面，票值为澳币12元，可作邮资、收藏和欣赏。澳门是中西文化交流中心、历史文化名城、世界文化遗产，一年游客约2000万人，其中外国游客约1000万人。邮票作为一种文化载体和旅游的纪念品也把开平碉楼带到世界各地。

开平碉楼申遗成功，声名鹊起，很快进入国家层面邮政视野。在申遗通过当天，中国邮政即发行了小本票《侨乡的碉楼，世界的关注》3万套，1.2元面值，对开平4个申报点作了介绍。它们是方氏灯楼与自力村、瑞石楼与锦江里、天禄楼与马降龙村、迎龙楼与三门里村。这些申报点碉楼各有自己历史和建筑文化特点，且与所在村落环境协调，具有很高文化品位，遂为联合国教科文组织专家看中和通过。2008年6月27日，在申遗成功第二年，中国邮政发行《世界文化遗产——开平碉楼与村落》个性化异形邮票，包括《迎龙楼》《瑞石楼》《铭石楼》《方氏灯楼》《天禄楼》共5枚，更首次以连票形式反映了锦江里村落和自力村景观，使碉楼与村落景观达到统一。中国邮政这一举措，开创了集邮史几个之"最"。第一是《开平碉楼与村落》邮票是国内第一版世界文化遗产异形版票；第二是国内第一次展现碉楼外形的版票；第三是首创9枚中国文化遗产标志"太阳神鸟"主票和11枚世界文化遗产碉楼景象为附票的搭配版式；第四是中国第一版采用1.2元邮票面值的异形版票；第五是这套邮票全国限量发行仅1万枚，是我国发行量最少的异形邮票。在中国邮政影响下，广东省集邮总公司不甘后人，同年配套推出申遗成功一周年纪念邮票《惊世遗珠，传奇碉楼》珍藏邮册和《和谐神州，浓情碉楼》纪念邮册、异形版票纪念镜框，以及首次发行碉楼纯银条；其中前者创新地以3米长奏折银册，结合水墨画形式，展示群碉与大自然和谐共处的壮美秀丽景色，充满了生态文化意象。

这些选入邮票和各种画册、影视、艺术作品中的碉楼，都有很高的文化品位，充满建筑美、艺术美，是碉楼中的佼佼者。这些代表性碉楼，主要有如下多座。

1. 自力村碉楼群

在开平市塘口镇自力村，由安和里、合安里和永安里三个方姓自然村组成。碉楼群坐落在潭江支流镇海水河畔，以错落有致、风格各异驰名。安和里建于清道光十七年（1837年）原称"犁头嘴"，合安里建于光绪三十一年（1905年），原称新村；而永安里俗称黄泥岭，住户从升平黄村迁来。新中国成立后，三村合称自力村。现有63户，175人，华侨、港澳同胞248人，侨居于美国、加拿大、英国、马来西亚、菲律宾、斐济等，居民以侨汇为主要生活来源。碉楼群建于20世纪20年代，用来御匪、防洪，居庐则居住和生活，一般以始建人名字或其意愿命名。这些碉楼体量大，多为四五层，其中标准层为2-3层，墙体结构有钢筋混凝土、混凝土包青砖，门窗均用厚铁板建造。

建筑风格多带西方建筑色彩，有廊柱式、平台式、城堡式，也有混合式。这些碉楼，有的是根据楼主人从国外带回图纸所建，有的没有图纸，出于楼主心裁。楼内一般设有枪眼，配置有鹅卵石、碱水、水枪等工具和枪械。而居庐多为三、四层，楼阁开展，墙体厚实坚固，开敞的门窗均为铁制，前后门上方都有开设枪眼。

自力村共建9座碉楼和6座庐，分别称龙胜楼、养闲别墅、求安居庐、居安楼、耀光别墅、云幻楼、竹林楼、振安楼、铭石楼、安庐、逸农楼、叶生居庐、官生居庐、澜生居庐、湛庐等。这个建筑群耸立于竹林之中，高低错落有致，布局和谐，扼守进村田间道路。其中，最早的龙胜楼建于1919年，最晚的湛庐建于1948年。最漂亮一座称铭石楼，高6层，为中西合璧式风格。一层为厅房，2～4层为居室，5层为祭祖场所和柱廊、四角悬挑塔楼，第6层平台居中，设一六角形瞭望台。楼外形壮观，内部陈设豪华精美，至今仍保持完整家具、生活设施、生产用具和日常生活用品，为当年华侨生活和侨乡文化一个缩影。另一座云幻楼，抗战时为村民避难所，在抗击日寇方面发挥重要作用。自力村楼群迄今保存完好，首登国家特种邮资邮明信片，是开平4个申遗点之一。今已成为碉楼旅游最大一个亮点，被拍摄入无数相机中，供人顾盼观赏和品味。

2. 开平第一瑞石楼

在开平蚬岗镇锦江里，在众多碉楼中，唯其以规模最大、气势最恢宏、楼层最高而闻名。人们从远处即可望其雄姿，故被称为"开平第一楼"。

开平第一楼瑞石楼家人
合影（章力摄）

瑞石楼至今保存原貌最好，建筑设计样式和建筑工艺堪称一流，其与常见"卷草托脚"式碉楼不同，基本上采用西欧建筑风格，罗马式风格非常浓重且悦目。从首层到第五层，每层楼体都采用不同的立体线脚和柱形装饰，窗裙、窗楣、窗花的构图和造型各具特色。第五层顶部四角，用别致的圆柱托起的仿罗马拱券。第六层以上为楼的顶部，为三层平台亭阁，其中第七层四角建有用圆柱支撑的拜占庭穹隆顶的角亭，南北两面可见巴洛克风格的山花图案。第八层平台上，立一座西式塔亭。第九层为四周用墙体托举罗马穹隆顶的凉亭。楼名匾额在第七层正中位置，上书"瑞石楼"，为广州六榕寺住持铁禅大和尚所书，字体俊美秀丽，为大家手笔。"瑞石"即美玉，即璧之意，卓然独立于开平众楼中。

瑞石楼各构件比例匀称，雄伟端庄。墙体涂蓝色油漆，极富浪漫情调，特别是窗框、窗楣、窗花图案和第六层外墙图案，以及楼西墙体的浮雕，都融合了中国建筑文化要素。楼内部结构和摆设，充满中国民族特色。内部布置、用具、尽是岭南传统式样。每层楼内，都设以坤甸或柚木做的屏风，上用篆、隶、楷、行、草各种字体刻对联，如"花开富贵，竹报平安""雀屏中目、鸿案齐眉"。楼首层大厅正中墙上，设祖先灵位，占有最神圣空间。"瑞石楼"最能体现中西文化完美结合，是其中最优秀的一个典范。

瑞石楼创建人黄璧秀，号瑞石，是以名楼。楼主人早年在香港经营药材生意和开钱庄，赚了大笔钱财，遂有财力建此名楼，意在保卫家人安全，耗资3万多港元，1923年竣工。入伙之日，宾客盈门，铁禅大和上即席挥毫，以"瑞石楼"三字相赠，为名楼大为增色至今。

瑞石楼四周，广种奇花异草，修篁嘉木。春夏时节，花红草绿，林荫茂密，格外惹人。其中门前一棵伊拉克枣树，高十余米，已有30多年树龄，成为中外文化交流的一种见证。

3. 比肩而立的日升楼和翼方楼

在开平市赤水镇大同村，为开平碉楼群中有代表性碉楼，以建筑结构和建筑美学独特闻名。大同村为一个典型华侨村，多数人家旅居美国和加拿大，经济富裕。该村由11条巷道组成，全村整齐地排列着款式相同的14间民居，每条巷道又并排建成3间规模一致的民居，家家都用清一色的坤甸木制作门栊，与其他村落迥然有异。日升楼和翼云楼三座耸立在村子左侧，至今保存完好，整体结构未变，具有研究开平碉楼地方建筑、侨乡历史文化的重要价值。

大同村被群山环抱，中为盆地，曲水长流，风光秀丽，为风水宝地。村落建筑错落有致，掩映于葱茏茂林修竹之中，四围阡陌纵横，绿野盈盈，美不胜收。两楼比肩而立，仿如两个魁梧卫士，日夜守护着村落的安全。

日升楼和翼云楼建于匪患严重民国初年。楼主人司徒昌伦，侨居国外，1926年开始在村近门楼司徒氏祠堂旁边建日升楼。楼高6层，方形楼身，天台上楼顶为罗马建筑风格的圆形拱顶，犹如一轮初升的红日，是以名楼。旁傍建五层翼方楼和另一座碉楼为西欧古典建筑风格，顶部均建塔形顶。三座楼本错落而立，相依相偎，相映成趣。相传村右侧也有两座碉楼，共同拱卫村落安全，只是不知何故，第三座被拆除，现仅剩日升楼和翼云楼。

据介绍，司徒昌伦为人忠厚，慷慨大方，乐善好施。家族人丁旺盛，儿孙绕膝，今已繁衍为170多人的大家族。昌伦后裔秉承祖宗遗训，助人为乐，曾捐款50万元建春和教育基金楼和昌隆健康院，并修葺春和祖祠，深得村民爱戴。

日升楼和翼云楼建成，有效地震慑贼胆，保卫一方安宁。传某天晚上三更时分，10多名贼人里应外合，摸入村中作案，初时村民惊恐万状，一片混乱。在楼里睡觉的昌伦夫人被惊醒，连同儿子、媳妇紧急敲锣报警，四邻村民纷纷响应，碉楼同时发炮。众匪不敌，狼狈撤离，经日升楼下，一名匪徒被昌伦儿子司徒厚德开枪击伤。翼云楼更夫也前来助战，持枪伺机追赶，众匪如鸟兽散，仓皇逃窜。两楼因为有这段光荣史而蜚声侨乡，至今仍为人津津乐道。

4. 坚不可摧的方氏灯楼

在开平市西部塘口镇塘口墟之北，坐落在一片低丘高坡上，视野开阔，数公里之内动静可一览无遗。且可居高临下，形成四个方向火力，有效地狙击匪徒。特别是楼内配备值班人员、供预警和防范土匪袭击用的各种设备和器材，20世纪初从西方引进的发电机、探照灯、枪械等，形成一座坚不可摧碉楼，大

坚不可摧的开平方氏灯楼
（张丽珠摄）

有"一夫当关，万夫莫开"之势，闻名遐迩。

方氏灯楼原名古溪楼，所在地区为方氏家族所居，古名宅乡。山下有小溪流过，故以小溪和乡名取名古溪楼。1920年该楼因宅群、强亚两村的方氏族人为防备匪患，共同集资而建，遂改今名。楼体为四方形圆顶，高18.43米，全是钢筋水泥结构。楼体坚实异常。其建筑形式十分特别，第1～3层是值班人员食宿之地，第4层为挑出墙体的平台，四周是露天的围廊。第5层为西洋拜占庭式穹隆顶的四立柱亭阁，空间阔敞，是典型的更楼，主要供村民联防队员作护村使用。但时过境迁，该楼曾被埋没在荒烟蔓草之中，被人遗忘。近年开平碉楼申遗，它被重新得到重视，经清理后重振雄风，今已列入全国重点文物保护单位。它与方氏家族村落交相辉映，已成为开平侨乡一道亮丽的景观线，在苍茫天底下尤显得壮观，游人络绎不绝。

5. 众志成城的天禄楼

在开平市南部百合镇潭江东岸，背靠气势磅礴的百足山，并临清澈明净的潭江，生态环境十分优越。天禄楼所在之地曰马降龙村，实由永安、南安、

开平塘口五居里天禄楼
（李玉祥摄）

河东、庆临、龙江五个自然村组成，现有村民171户，500多人，80%为侨眷侨属。其村华侨主要分布在美国、加拿大、澳大利亚等国，华侨人口比国内人口还要多。

天禄楼建于1925年，由关、黄两姓族人29户集资兴建，是典型的众楼。实际上，马隆龙各村之间，耸立着13座造型别致的碉楼和居庐，在青山绿水、茂林修竹掩映下，与周边民居融为一体，充满侨乡风情，疑为人间仙境。而碉楼如小荷才露尖尖角，显得尤为突出，天禄楼为其代表性碉楼。

天禄楼高21米，分7层，四方形，钢筋混凝土结构。第一至第五层共有29个房间，每个集资户各占一间，每到傍晚，集资户男丁均入住楼里，以防匪患。第五层以上，每层都有环形天台，其中第五层天台外侧建有钢筋混凝土花式栏杆，楼房与天台之间，是罗马式圆柱拱形装饰的走廊。第6层为公共活动场所，第7层为中西合璧建筑瞭望亭。登上楼顶，环顾四方，雄伟壮丽的百足山、晶莹碧透的潭江、纵横数十里河谷平原，山水田园景色美不胜收。关、黄姓族人暇时登楼赏景，开展公共活动，和睦相处，令人称羡。

天禄楼建成以来，不仅使降龙村居民避过多次匪患，而且渡过多次洪灾。

其中1963年、1965年和1968年开平出现大水灾，洪水漫过屋顶，村民纷纷登楼，才避过洪灾。开平碉楼申遗成功，天禄楼锦上添花，已成为侨乡著名历史人文景点，中外游人不绝于途。

6. 昂首屹立的坚安楼

在开平市西南部的蚬冈镇，是全镇150多座碉楼中最具特色的一座，拥有很高知名度。蚬冈镇境内低丘散落，形同蚬壳，故名。明洪武四年（1381年）在此设驿点，官旅往来不断，带动地方发展。清代属得行都，显与交通线通过有关。新中国成立后设蚬冈区，后改镇，现辖14个村委会，1个墟镇委员会，同是著名侨乡，华侨向来热心家乡建设，积极回乡投资经商，兴办各项公益事业。

蚬冈镇与恩平县相邻，属边远之区，旧有"四不管"之称，社会治安较为混乱。民国初年，匪患不绝如缕，坚安楼即由此兴建，1926年竣工，为一座由两幢楼并立合一而成的碉楼。其楼名即显示为保一方安宁、防范匪患而建。此楼设计完美，融中西建筑文化于一体。顶部为西欧古典建筑，显得庄严肃穆。两楼并肩而立，像一对勇士，守护在村后，相互照应，相映成趣。至今坚定楼保存完好，昂首屹立群山之中，给人以安全之感。

7. 三合土建适庐

在开平市百合镇厚生村，虽冠以庐名，实是一座特殊碉楼。无论开平还是台山碉楼大部分用钢筋混凝土建造，但也有一些碉楼用"三合土"建成，适庐就是一个出色的代表。"三合土"是指用黄泥、砂和石灰，加上黄糖或糯米饭拌和，经过一年以上沤制而成。期间要定期翻动，防止材料硬化，才可用于建楼，故所建楼宇十分坚固，不亚于钢筋混凝土建碉楼。

适庐建于1924年，楼高5层，墙体为"三合土"结构，但建筑风格为中西合式。在五层楼体中，下三层为标准层，顶部两层有亭阁，第四层正面为四角，都是西欧柱廊式楼层，设燕子窝，开枪眼。第五层为欧陆城堡式楼顶，卓然独立于整座碉楼之巅。碉楼的门和窗，均用厚铁板建造，经得起炮火轰击，口径比较狭窄，易守难攻，适应防匪需要。

适庐主人关以文，早年参加同盟会，追随孙中山革命，后又参加共产党，是开平最早一位党员，也是开平第一个农民协会——虾边乡农民协会及开平县农民协会第一任委员长。后因身份被暴露，转赴香港、马来西亚、新加坡等地从事革命活动。抗战爆发后，又返回开平，开展抗日救亡工作。抗战胜利前夕，不幸从楼梯摔下去世，终年64岁。其女关曼青后成为广东著名画家、广州美术学院教授、广东省文史馆馆员。

适庐在新中国成立前，是开平共产党组织经常活动之地。楼主人关以文在楼里与农民协会成员研究农运工作。抗战胜利后，适庐一如过去，也是农民协会、共产党员活动据点。1946年，关以文保护过恩平县地下党负责人，为他们安排在楼内生活。为有这一段革命经历，适庐更彰显其殷红色彩。

8. 烈士故乡雁平楼

开平齐塘雁平楼
（李玉祥摄）

在开平市中西部百合镇，为潭江、锦江和赤水河交会处，人称"百客往来，三水汇合"，故名"百合"。百合镇清代属百合都，新中国成立后经历过公民公社、区、镇至今。全镇人口2.8万人，另有3.5万人为港澳台同胞，为开平著名侨乡。也由此，百合镇过去常为土匪光顾，抢劫绑架事件时有发生。1912

年，民国初肇，百合河村外建起雁平楼，高5层，钢筋混凝土结构，整体建筑充满西洋风格，但也不乏中国民族建筑元素，特别是女儿墙上灰塑，有"福、禄、寿、禧"等内容图案，给人以亲切之感。

百合镇有百足山，传有南宋民族英雄文天祥墓（即使有应为衣冠冢，文天祥被害于北京），广州起义领导人之一、革命烈士周文雍故乡，还有重点文物保护单位合山铁桥等人文自然景观，它们与雁平楼等碉楼一起，使百合镇闻名遐迩。

9. 相守为伴的姐妹楼

开平沙岗东溪姐妹楼
（李玉祥摄）

在开平市东南部沙冈镇东溪村，是开平碉楼群中一座名气颇大的碉楼。沙冈镇背倚梁金山麓，前临潭江，土地平坦肥沃，盛产火蒜、蔬菜、果蔗，是三高农业基地；水陆交通便捷，可直通港澳。广湛高速公路和325国道横贯全境，堪为得天独厚风水宝地。沙冈人杰地灵，历史上文豪才子、爱国英贤，代有其人。当地人口约3.6万人，而海外侨胞、港澳同胞达1.5万人，是开平一个著名侨乡。唯其如此，民国初年，匪患不减于其他侨乡。1905年和1906年，东溪村建成两座外观十分相似的碉楼，一座称敦楼，一座称辉荨楼，合称姐妹楼。楼高标准层为5层，亭阁两间，顶层为拜占庭式穹窿，呈中西合璧文化风格。两楼保

开平蚬岗东和村中坚楼（李玉祥摄）

持一定距离，岿然屹立于梁金山河之间，相守为伴，已历百余年风雨沧桑。如今仍保存完好，为东溪村碉楼双璧，村民引以为自豪，游客也络绎前来，为东溪村带来兴旺人气。

10. 造型别致的中坚楼

在开平市中部蚬冈镇东和村，是开平碉楼群中最富有个性和特色的碉楼之一。东和村环境优美，旅居美国、加拿大华侨和港澳同胞众多，是开平重点侨乡之一。20世纪初，为免于匪患和水患，村民集资兴建了这座碉楼。像它楼名一样，中坚楼体量厚重，外观仿如机器人，故有"机器人碉楼"之称，可见当年设计就很超前和近现代的。即使用现代眼光观察，其中西合璧式造型和建筑风格也丝毫没有过时，依然很时髦，气势逼人，在碉楼群中堪称一绝。

11. 一枝独秀的立园

在开平市塘口镇北义管理区潭溪方华村，是一处享誉海内外风景园林，可与广东四大名园（顺德清晖园，佛山梁园、东莞可园、番禺余荫山房）相媲

开平立园泮文楼
（李玉祥摄）

美。立园占地面积约20亩，内分三块，又浑然一体，以曹雪芹《红楼梦》描绘的大观园为蓝本，吸收中国古典园林之长，又结合岭南地理环境，并对欧美当时流行的别墅建筑特色加以融会贯通，用围墙或小河将其分隔别墅区、大花园区和小花园区三部分，继以桥亭或通天迴廊相连，形成园内有园，景中有景格局，被誉为南国"小观园"。2001年，立园以其中西合璧建筑风格和丰富文化内涵被国务院批准为国家级文物保护单位，2003年又以"立园春晓"被评为"侨乡新八景"之一。联合国教科文组织总干事亨利博士参观立园后，慨叹："这是开平传统文化的光辉典范，它将中国文化同西方文化完美地结合在一起。"

立园始建于20世纪20年代的，历时10余年才初步建成私家园林，1936年竣工。因主人谢维立，是以其名为"立园"。"立园"两字是书法家吴道镕先生1934年题写，字体刚柔并济，飘逸而不失端庄。1937年抗战爆发，谢氏举家迁居美国，立园遂闲置荒废。直到1980年，开平市政府受园主委托，代为管理立园，并两次拨巨款彻底修葺，使其不但恢复旧观，且装点一新，成为五邑著名风光旅游景点，并被定为华侨文物保护单位。

今日立园的别墅区，分布在园林北部，由1座4层碉楼和6座楼房组成。别墅建筑融中西建筑艺术于一体，楼房则为西式建筑，内有大型彩色壁画、金木

立园泮立楼和园主人谢维立像
（王培忠摄）

雕刻等装饰，屋顶为中国宫殿式，无论内容还是形式都十分协调和谐。而大花园区有"修身阁""花藤亭""金鱼池"等建筑，大牌坊和"修身立本"大牌楼为大花园区布局轴心。其中大牌坊一副长联，长达68个字，不仅揭示建国旨趣，还表达园主经营理念，有很高文化品位。

其联曰："立身为齐家之本注重庄修提倡憩游欢迎梓里同游遍观智水文澜无限怡情真适意；园林乃救国之基振兴种植增加生产利便乡邻共乐仰望灵山秀岭多余美景可骋怀。"

大牌楼周围遍植紫荆、红棉、翠柏，以及各种奇花异卉，五彩缤纷；小花园呈"川"字形摆布，以水、桥、亭、台为构景，形成运河、虹桥、晚香、玩水、观澜、挹翠和小白塔等景点。整个园林错落有致，曲径通幽，花木扶疏，空气清新，令人心旷神怡，流连忘返。恰如楼主谢维立题于泮楼壁上两首诗云：

开平立园毓培别墅
（李玉祥摄）

一

潭江风景倚栏看，横览罗山眼界宽。

翘首无穷千里目，层楼更上乐游观。

二

枝头好鸟语关关，园涉潭溪水一湾。

寄傲林泉无俗意，优游恍若卧东山。

　　这些景点，各有精彩故事，感人至深。如仁立大花园西南角的"毓培"楼，乃园主人为他四位太太而建，一人一层。在每层大厅中央，都以"四心"相连的图案巧妙地用意大利彩石磨嵌于厅中央地面，寓意园主对四位夫人一视同仁，与她们心心相印，心心相连。原来，一太太婚后不久患了精神病，园主人无微不至地照顾她和孩子。不久，在赤坎邂逅年方十九岁，才貌双全的女子谭玉贞，两人一见钟情，共结秦晋之好。孰料红颜薄命，一年后谭氏难产，香消玉殒。园主人陷入失妻苦海，难以自拔。老管家侄女徐琼瑶出现，处处关爱他，使他走出阴影，后成为谢氏第三任太太。第四位太太吴英华，时代女性，精通英语，思想新潮，为楼主人在香港结识的红颜知己，也是生意场上的好帮手。三太太主动出手，劝夫将吴英华纳为第四位太太。楼主人这段情缘，被传为佳话。但楼主人并非风流成性之徒，而对国家、民族观念，充满胸怀。立园泮立楼谢家祖先堂所书对联，即彰显楼主人这种人伦道德，联曰：宗功伟大兴民族，祖德丰隆护国家。

最令人瞩目的是立园大门正中那座碉楼乐天楼，巍巍耸立，独冠群芳。但其仍像开平大多数碉楼一样，有防卫、居住功能，墙体特厚，枪眼很小，内部摆设中西合璧，各式用品一应俱全。据传，当年日寇来到立园，对园内珠宝财物垂涎不已，无奈对着碉楼坚厚的钢筋水泥建筑和铁门铁窗束手无策。后日军发现主人亡命时忘关了一个窗，于是破窗而入，洗劫了这座园林，还想占领它。孰料日军只驻扎了一个晚上，第二天发现破窗入园的那位日军小队长，沉尸古井，但找不出死因。日军以为园内鬼魂做祟，惊恐不已，只好扔下财宝，撤出立园。凶神恶煞的日军居然被神鬼惊跑，正应了中国一句古话，多行不义必自毙，日寇后来的下场果真如此。1958年"大跃进期间"，立园是中南局老干部疗养所。在大炼钢铁运动中，被这股热潮唤起的人涌入立园，要拆立园铁门、铁窗去炼钢。老干部坚决不答应。值中南局第一书记陶铸到此看望老干部，闻知此事，当即指示：华侨的园林，一草一木都要好好保护，谁也不能动。"文革"时，破四旧之狂风，也没有触动立园一砖一瓦，陶铸的余威，起了保护作用。

基于立园声望，江门市邮政局和开平市邮政局多次发行以立园为主题普通邮资明信片，包括立园各主要景区《正门口》《通天回廊》《后花园大牌楼》《毓培别墅》《后花园牌坊》《虎山》《立园鸟巢》《皇冠香花亭》《晚香亭》《立园全貌》，以及中国邮政发行普通邮资明信片《开平立园》等。立园由此蜚声海内外，游人常年不绝。

13. 不屈的南楼

在开平市中部赤坎镇腾蛟村南约100米的潭江北岸，有一座在抗日战争中见证侨乡儿女为反抗日本侵略，表现大无畏英勇斗争精神和宁死不屈民族气节的著名碉楼。今已成为爱国主义教育基地，中外游人观光景点，也是开平碉楼中最具历史价值、最震撼人心的一座碉楼。

南楼始建于1913年，由司徒族华侨、侨眷出资兴建，是一座典型更楼。它高耸于潭江与东窖龙公路之间险要位置上，更为三埠（今开平市区）至赤坎水陆交通要塞，扼潭江制高点，具有重点军事地理价值。楼高7层，19.06米，占地面积28.46平方米，建筑面积180.2平方米，为钢筋混凝土结构建筑。首层楼面开有一个两扇铁门，整座楼壁厚0.43米，每层楼墙壁，均开设用铁柱加固的窗户和竖长方形、内大外小的枪眼。第六层设瞭望台，类似阳台，宽出墙面，视野甚为开阔，方圆数十里村庄田野、宽阔潭江上下，尽可以在其监视范围之内。顶楼中间建一方形小房，内装一台柴油发电机，旁边有楼梯可直上楼顶。瞭望台地面四周，都开着横长条形上大下小的枪眼，可直接狙击靠近楼

赤坎不屈的南楼（李玉祥摄）

面前的任何敌人。"南楼"二字正刻在顶层平台凉亭式建筑上，亭台上设有探照灯，无疑是一座名副其实军用碉堡，碉楼的设计者堪为杰出军事工程师。

在社会动荡不宁、盗匪如毛的年代，南楼威慑匪类、为保卫四乡安宁立过汗马功劳。而最为壮烈的一次，是抗战时期南楼曾为赤坎司徒氏抗日四乡团队的队部，成为抗击日本侵略军的坚强堡垒。1945年夏，抗日战争胜利在望，日寇为了打通大陆交通线，原来驻扎海南岛的数万日寇沿雷州半岛、阳江、恩平，进入开平，顺潭江向广州方向撤退。但要顺利通过潭江，必须占领南楼。7月16日深夜，一支由数十艘汽艇、木帆船共3200人组成的日伪军途经潭江，企图偷袭南楼，攻占赤坎镇。此举很快被驻守在南楼里的司徒氏自卫队队员发现，以机枪、步枪和土炮为武器，以密集的火力阻截敌人的偷袭，在击沉日军三艘橡皮艇，溺毙一批日伪军以后，得不到增援，而退守南楼。当时，楼内有司徒煦、司徒昌、司徒旋、司徒遇、司徒耀、司徒浓、司徒丙七名自卫队员，年龄最大的38岁，最小的18岁，队长司徒煦是东南亚的归侨。七名自卫队员经过两夜两天的阻击，使日军难以通过潭江。后来日军于17日夜，向龙滚冲登陆，从陆路攻占了赤坎镇，乘夜形成对南楼包围。在这关键时刻，附近驻守的国民党正规军弃守而逃，致使自卫队得不到援救，只好困守南楼。

此期间，日军使用了迫击炮反复轰击，但坚固的南楼只见弹疤累累，仍岿然不动。日军见强攻难以取胜，继而靠近墙体企图凿洞进攻，结果被自卫队员射杀。日军变换手法，胁迫守楼队员的亲人前来劝降，并且许以重金和不杀等条件，都被自卫队一一拒绝。坚持到第四天，七位队员自知无法突围了，便在楼内的墙上写了视死如归的遗书：

"我等保守腾蛟，历时四日来，未见援救。敌人屡次劝我们投降，我们虽不甚读诗书，但对尽忠为国为乡几字，亦可以明了。现在，我们击毙敌人十六名，亦已相当代价。现在我们各同一心，于大中华民国三十四年六月十五日（按：农历）自杀于腾蛟南楼，留语族人，祈在敌退后，将此情形发表报纸上，则同人等死心甘矣。"

这一遗书热血满腔，忠义四射，至今读之，仍催人泪下。

恼羞成怒的日寇在第八天向南楼发射了毒气弹，致使七名队员中毒昏厥，落入敌手。

日寇将七名壮士拖押到赤坎镇司徒氏通俗图书馆院内，冷水喷醒，捆绑在树上，百般折磨。队长司徒煦醒来后怒斥敌寇，惨无人性的日寇将壮士的耳、鼻、舌割去，敲掉牙齿，肢解四肢，最后抛尸潭江。机枪手司徒浓也被活活肢解，其余五名队员同样受尽酷刑后被杀害，抛尸潭江。后来有六位壮士的遗体被乡民寻找到，隆重安葬。唯独队长司徒煦的遗体未获，永远留在了潭江，与江水长伴。

1945年8月15日在七位壮士牺牲后的第二十天，日本宣布无条件投降。8月25日，由司徒氏四乡事业促进会发起，在赤坎开平中学司徒教伦堂纪念堂前举行隆重的追悼大会，开平、台山、新会、恩平等各界人士及社会名流、四乡民众三万余人与会，祭奠司徒氏七壮士。二千余幅挽联和挽诗悬挂在会场四周，肃穆庄严，备极哀荣。有一副挽联将七壮士与国民党正规军对比，脍炙人口，流传最久，知名度最高，至今当地年老的乡亲们仍能脱口而出：

> 七士守南楼，两路倭寇曾被阻；
> 三军逃夹水，四乡团队独留名。

还有当年的一些挽诗也极表哀悼之意，据《开平文史》第二辑载，有《赤坎南楼七壮士抗日有感》（1945年8月）和《教伦月报·教伦人文资料》（1997）收入不少悼诗。兹录若干首诗如下：

一

四乡七士守南楼，取义成仁热血流。
勇掷头颅为国族，凌云壮志表心头。

二

开平赤坎起战场，大敌当前触目伤。
七士南楼力御侮，保家卫国永流芳。

三

潭江碧水绿悠悠，杀敌成仁子弟秀。

七士英雄身投国，乡民沾泪洒南楼。

四

吊腾蛟南楼

风清月白溽堤洲，话旧七雄壮史留。

堪与四行相比美，不胜惆怅望南楼。

五

碧血洒南楼抗敌救乡正气永垂青史

丹心贯北斗成仁取义贞魂长伴黄花

黄秉勋挽

六

景仰斯人七烈声名高北斗

魂招何处万家涕泪下南楼

谢作康、张景耀挽

七

东岛已崩颓永慰英魂登上界

南楼仍矗立长留正气在人间

郑士英挽

八

奋孤军歼倭虏敌忾同仇浩气长存贯北斗

拼一死护山河悲壮惨烈英名万古耀南楼

司徒修、司徒度同挽

七

南楼烈士死守南楼就义成仁立下卫乡伟绩

东海蛮夷败归东海抗战胜利足慰殉国英魂

松溪学校钟毓学校挽

时任国民政府立法院秘书的开平楼冈人吴尚鹰曾为《南楼七烈士抗战记》题字，并在这次公祭集会上题诗曰：

孤守南楼待反攻，奈何四路后援空。
敌来受创寒心胆，七士纵然死亦雄。

余风采堂也有诗一首为颂：

杀身成仁，七颗赤心悬北斗。
舍生取义，万年青史耀南楼。

赤坎司徒氏图书馆出版《教伦月报》1993年6月增刊，曾载1945年版《南楼七烈士英烈记》，其中有一段对七烈士高度评价曰：

赤坎南楼七烈士
（《教伦月报》提供）

夫此区区者只七人耳，以当强大之敌，譬之犹螳臂，而所凭借与相周旋者，又不过只数仞之一楼，非有坚壁深垒之固，乃至有可逃死之时，与可逃之地，而不肯逃，独断然不较厉害，以与敌争寸尺之土地，而不肯去。观其遗书壁间，共誓自杀。则当其高楼呀然一阖之际，已略不反顾，死志即决，可知，第留此须臾以待敌。而取厚赏于彼焉耳。此则真匹夫不可夺之志。而三闾大夫（按指屈原）所谓虽体解吾犹未变，九死而勿悔者也。所可哀者则诸人既死之后，越旬有五日，而倭皇裕仁，即已乞降，宏我汉京，顾己歼我良土，黄鸟之哀，高丘之涕，其何能已，然亦足以瞑矣。

抗战胜利后，广州军事法庭审判炮轰南楼、残杀七烈士的日军首犯屈本。赤坎司徒族人四乡派人前往广州作证，罪恶累累的屈本被处以极刑，在广州执行枪决，以慰忠魂，以雪民族大恨。

现已在南楼前建立"南楼纪念公园"牌坊，七烈士祠和烈士雕塑石像供人凭吊，缅怀烈士事迹，告诉后人毋忘国仇家恨，为中华民族崛起而发奋有为，才是纪念烈士的最好方式。而每年重阳节，赤坎司徒氏族人及海外华侨华人，不远万里汇集南楼前，举行瞻仰南楼七烈士活动，抒发对烈士景仰之情，也是一次深刻的爱国主义教育运动。它所形成的巨大民族凝聚力，正把侨乡各项建设事业，步步推向新高潮。而七烈士的英名也由此走向全中国，走向海外华人世界。他们的生平和英雄事迹，被载入史册，万古流芳。现据司徒氏图书馆编纂《教伦人文资料》（第一辑，1996年），节录如下：

（1）司徒煦烈士

防守腾蛟副队长司徒煦，字达祥，开平赤坎树溪乡东华坊人，就义时仅三十四岁。系前清上海原纪钱庄、香港丽合源、赤坎丽和兴银号总经理，四邑著名世商司徒懿接之曾孙。生性耿直，好弈棋，尤精射猎。少怀大志，常谓男儿志四方，不可局踬故园，老死牖下。乃决志远游异国，以图进取，旋侨南洋，讵到埠一年，日寇发动侵华七·七战争。烈士乃鼓励侨胞捐款，为抗日战争之用。继闻祖国人民，尽受敌摧残，地方悉为敌蹂躏，不禁为之发指，乃投袍而起，召集爱国同志二十余人，组织抗日志愿队回国杀敌。其爱国同志二十余人，均在颔下蓄少虬髯，以为标志。回乡时人以羊咩煦呼之。煦亦以自称。随而北上梧州投入广西民团训练所受训。六月期满毕业，服务数月，大为上级赏识。后因江门失陷，乃返乡奉组自卫团驻防腾蛟。旋奉调密冲，转战各地，颇著战绩。当"七·一六"战事爆发，夜间八艇探敌，险些被俘。脱队后登岸，即指挥团队开炮轰射，击沉敌艇无数，溺毙敌伪百余人。迨至"七·一七"赤坎失守，四处沦陷，敌人拦截我援军，而至腾蛟孤守，卒至被敌包围，而凭楼抗敌，被困八日，弹粮皆绝。前后射毙日寇十六名，以致敌酋大怒，施用剧烈之毒瓦斯炮弹，连轰数日，至第八日轰入南楼，中毒被掳，将烈士运回赤坎。醒后痛骂日寇，敌酋暴怒，乃将烈士割去耳、口、鼻，凿去牙齿，将其肢解，烈士临刑时高呼口号，可谓慷慨赴死，从容就义，两者兼之，难能可贵！烈士殉国于一九四五年七月二十五日。时父母尚存，妻胡氏，女二人。烈士忠骸未获。

（2）司徒昌烈士

上士情报员司徒昌，聊塘乡塘边村人。性机警，好饮酒，步行矫捷，尤精化装。一九四四年"六·二四"战役三埠失陷后，他深入敌方，刺探敌情。负担敌后工作，全靠烈士之力，同年秋，奉调参与密冲诸战，迭著劳绩。一九四五年"七·一六"、"七·一七"与敌鏖战两昼夜，水浆不继，犹持枪防守敌人。时因风雨暴起，呼应不灵，卒至被敌偷袭包围，乃联同七士凭楼杀敌。后被敌破南楼，毒迷被掳，受刑惨死，抛尸河中。其忠骸由四乡公所寻获，礼葬于南楼对面海高咀凉亭之侧，烈士与司徒煦等同时殉国，年三十八岁。

（3）司徒旋烈士

宣传员兼书记司徒旋，开平塘联塘边村人，性纯孝，好鼓琴，尤工诗画，历在郁南、罗定、阳山等县任职，追随其舅父关玉屏县长多年。当西江各处失陷，戎马仓皇之际，犹手不释卷。烈士昆仲四人，均在县府服务。自罗定失陷后，乃与昆仲扶母返乡，见暴敌屡犯我邦家，乃加入腾蛟自卫团，掌理一切文书，负责宣传敌伪多种残杀暴行，以期唤起乡民，同心御侮。南楼战役未爆发前，烈士适在病假中，队长劝令返家调医，烈士强调大敌当前，非我辈偷闲之日，至"七·一六"晚南楼之战爆发，与敌鏖战。迄十七日上午，双方犹剧战未已，旋扶病代机枪手装配子弹。队长见旋病未痊，且非战斗员，不宜留此死守，再劝他回家，而烈士坚决不从。卒之七·一七夜二更后，被敌包围，乃联同七士凭楼杀敌，至被困四日，联名在南楼第三层墙壁上，亲题遗书，其言词慷慨激昂，表现于字里行间，可谓伟且烈矣！至八日楼破毒迷被掳害，弃尸河中，后由司徒氏四乡公所寻获，礼葬于高咀亭之侧，与诸烈士同墓焉。烈士与司徒煦等同日殉国，时年仅二十一岁。

4. 司徒遇烈士

班长兼机枪手司徒遇，字继尧，开平南楼乡腾蛟村人，性豪放，好讴歌，能向空际射飞鸟，常置瓦煲于树杈，以步枪击之靡不中。壮游异国，旋因日寇侵略我疆，乃联袂回乡，入县军事训练三月满，加入腾蛟自卫团，长班长。抗战数年，转战数处，毙敌无数，颇著劳绩，人所称神射手者也。当"七·一七"之役夜，被敌在后边冲圩扒水偷袭，潜入腾蛟庙，第一防线之哨兵被敌枪伤，以致敌偷入，犹不及防，卒至凭楼杀敌，屡射日寇无数。后楼破中毒，被掳惨刑，骂敌身死，被敌弃尸河中，由四乡寻获，礼葬于高咀凉亭之侧，与诸烈士同墓。时年仅三十岁。

（5）司徒耀烈士

上士机枪手司徒耀，开平南楼乡龙滚冲旋溪里人，系前清侍卫父子进士司徒骥之从侄孙，性勇敢，好拳术，凡有江湖客摆档卖武者靡不观，尤嗜观英雄侠士传，常以国难未平，我辈亟应投军杀敌，以图出路，非冒险无以进取也。乃投考开平军事培训班，三月期满，即充开平县政警队，每奉命刺探敌情时，必偕同司徒昌同赴三埠。潜入敌后工作，对于敌人举动，记载无遗，每次情报准确，大为上级赏识。家乡情势紧急时，返回腾蛟自卫队服务，当七·一六战事爆发，与敌鏖战两昼夜，烈士与班长司徒遇，攀动机枪，向敌人汽艇扫射，弹无虚发，足可以一当百。可恨人械缺乏，寡不敌众，以致被敌偷袭，卒至凭楼拒敌，被困八日，犹能杀敌无数，弹粮俱绝，被敌攻破南楼，受毒被掳，不屈惨死，时年仅二十四岁，与队长司徒煦同日殉国。

（6）司徒浓烈士

队员机枪手司徒浓，开平赤坎塘联乡天然里人。性勇侠，好运动，凡有运动会定往观，乡间有不平事，虽任何艰苦，亦代为不辞。一九四四年，三江之役，烈士独扼一据点，战数十敌伪，卒获全胜。每出阵，必持枪先行，勇敢善战，为同胞所赞许。其冲锋陷阵，更为乡人所称誉。每与对垒时，敌机翱翔上，钢炮轰于前，他犹正步前进，可谓初生之犊不惧虎也。当七·一六至七·一七昼夜，与敌剧战，荷枪企食，每见闻有汽艇来进，他即开枪扫射，百发百中，敌寇寒心。不幸于七·一七夜二更时候，适与各队员共食，被敌偷袭包围，卒至凭楼杀敌。日寇见烈士负隅顽抗，杀毙日寇十六人，后日寇搬运大炮，向南楼连轰数日，并用剧毒之毒瓦斯巨弹，摧毁南楼，烈士等受毒昏迷，被敌破楼门。将烈士逐一捆绑，运返赤坎，诸烈士不屈，惨受酷刑，被敌肢解，就义时犹呼口号，可谓壮烈矣。烈士与队长司徒煦同日殉国，时年二十八岁。

（7）司徒丙烈士

队员司徒丙，开平赤坎塘联乡新安里人。性敏捷，好游泳，尤精技击，天性纯孝，凡父母的所言靡不从，但劝其归务田园，他坚执不肯，谓困守家园，被敌残杀，不如亲赴前线，手刃敌寇，岂不为快。其父母见他矢志从戎，亦不强，乃参加腾蛟自卫团，服务勤慎。当七·一六之夜，与敌剧战，他开装子弹，在枪林弹雨中，来往自如，毫无畏惧。不幸被敌围困八日，楼破中毒被敌惨害，尸首不全，亦与队长司徒煦在赤坎同日殉国，年仅十八岁。

14. 令敌胆寒的安村兆楼

实际上，抗战期间，侨乡人民利用碉楼奋起抗击日寇侵略的何止南楼，开平市长沙镇幕村的安村兆楼也是一座以抗日出名的碉楼。安村兆楼建于1933年，高高耸立在村后，见证了幕冲人民英勇抗战的悲壮场面，显示了侨乡人民抗日的钢铁意志和坚贞不屈的民族精神。

1941年3月5日，三埠地区沦于敌手，日伪军和汉奸三五成群，经常到长沙的三江、幕村一带乡村骚扰，劫掠粮食、布匹、首饰等物品，运回三埠驻地。这激起当地居民极大义愤和抗争。共产党员伍辉带领成立不久的幕村人民抗日自卫队奋起抗敌，使附近的伪维持会纷纷瓦解。三江碉楼的日军据点的供应线也被切断。敌人十分震惊和恐慌，于是趁自卫队成立未久就发动进攻，企图灭之而后快。幕村自卫队派出伍安小分队，抄到敌伪后侧，守卫在村后周围，保护村民安全收割。日伪军见状，不敢轻举妄动。但有天晚上，一小队日军和伪军约100余人，包围了驻守安村兆楼的伍安小分队，发起猛烈进攻，机关枪、钢珠枪全部用上，蜂拥上楼，情况十分危急。在这千钧一发之际，自卫队突然放下两颗炸弹，猛烈爆炸声把敌人吓得魂飞魄散，不得不撤退。安村兆村虽弹痕累累，但却留下侨乡人民抗日斗争一曲凯歌，至今仍传遍五邑大地。

九、碉楼的保护和管理

碉楼是侨乡建筑一项瑰宝，自它诞生以来，即受到楼主人和当地宗族、乡亲和海外华侨华人的高度重视和保护，故能有效地发挥它的功能，在防匪防洪方面表现出巨大作用。特别是碉楼与村落结合在一起，相互依存，朝夕与共，融为一体，成为一道道远近闻名的风景线，也是侨乡的骄傲，珍贵的物质和非物质文化遗产。这不仅在当地，而且成为一种社会共识和国家认同，这使得碉楼的保护和管理显得尤为必要和迫切。尤其是2007年开平碉楼申遗成功，提升为"世界文化遗产"以后，它的保护和管理，与日俱增地摆在当地政府和百姓面前，成为一项维护全人类文明成果的重大任务，其意义已超出五邑侨乡区域以外。

1. 碉楼保护

由于各种原因，五邑碉楼的现状并非都如人意。这一是楼主人多侨居海外，碉楼无人或罕有人居住，年久失修，墙体、楼名、对联和内部设施在自然风化，有的人为破坏，有的脱落、褪色，甚至崩塌，成为危楼，这在五邑边远地区至为常见，致使见者慨叹不已。二是随着碉楼防匪防洪功能消失（防洪尚有一定作用），对它的关注越来越少，如果楼主人他迁，碉楼处于自生自灭状态，令人惋惜。如百合镇马降龙村众人楼天禄楼书写了楼名的混凝土横匾就被雷电击倒，摔落在天棚上，幸好"天禄楼"三个苍劲大字还清晰可见。三是人为破坏，特别是"文化大革命"期间，一些人打着"破四旧"旗号，对碉楼和居庐的楼名恣意砸烂、覆盖、清洗或将木制对联抢走，烧毁。也有一些楼主人，迫于当时政治压力，把原来对联墨迹涂抹，换上政治口号或自己喜欢对联，也有把木制挂式门牌、对联当废品卖掉。有人亲见赤坎"加拿大"村，和两堡村有两副不能配对的门联。原来买卖双方对楹联知识一无所知，竟将两副上联或下联买走，令双方蒙受损失，也有的对联被凿，或时间久远，对联文字模糊不清，被随意填补，变得不伦不类，甚至啼笑皆非。当然，过去对碉楼价值缺乏正确的认识，用于农村集体办公、仓库、娱乐、甚至畜栏的也不少。这都使这份文化遗产蒙受严重损失，甚至丧失了起码价值。

在近年侨乡建设中，不少有识之士纷纷提出碉楼保护和利用问题，碉楼主人也开始关注家乡这一遗产，通过不同方式表达自己的诉求。有关地方政府自21世纪初即注意到碉楼相关问题，并采取相应对策与操施。2000年11月，开平市人民政府公布了所有经市文化行政主管部门登记在册的碉楼为开市文物保护单位；2001年6月，开平碉楼被国务院公布为全国重点文物保护单位；2002年7月16日，广东省人民政府常务会议通过《广东省开平市碉楼保护管理规定》（简称《规定》）。这是全国第一个以省长令的形式颁布的专项文化遗产保护法令。《规定》包括27条，根据联合国《保护世界文物遗产和自然遗产公约》《中华人民共和国文物保护法》，《规定》强调对碉楼的真实性和完整性的保护，规范了各种组织和个人的行为，明确了碉楼保护的意义、价值、途径及准则。举凡在有碉楼分布的村落都贴上了这一法令，对百姓认识碉楼文化遗产价值、重视和保护，都起极大的推进作用。

问题在于，碉楼归属于文物，其所有权应属于国家。因为《中华人民共和国文物保护法》第四条规定："中华人民共和国境内地下、内水和领海遗存的一切文物，属国家所有。"而作为碉楼民居，其产权及使用权又归碉楼主人所有。故解决居住类文物的所有权与产权和使用权之间的矛盾和利益冲突，成为文物和遗产保护工作一个难题。《规定》和开平市政府从实际出发，倡导碉楼民居实行"政府托管制"，即碉楼产权所有者（含海外华侨）以委托方式将碉楼交由地方政府代为管理，但保留个人产权和使用权。政府对委托管理的碉楼有责任和义务加以重点维护，同时也便于进行有效的维修。《规定》还指出："属于集体和私人所有的开平碉楼，其保护管理经费由所有人与使用人负责，政府可以酌情给予补助。由集体或私人委托政府管理的开平碉楼，其保护经费由开平市人民政府负责，省人民政府和江门市人民政府可以适当给予补助。"这一规定，明确了碉楼主人、开平市、江门市和省政府对开平碉楼的各种法律关系，使开平碉楼民居作为文物与产权和使用权的矛盾迎刃而解，得到碉楼主人和当地群众的认同和满意。而从制度文化视角而言，这是一个制度文化创新，给碉楼增加了新的文化内涵。虽然这一规定是对开平市碉楼而言，但相信也适用于五邑其他有碉楼县市。

另外，世界文化遗产分布在全球不少国家和地区，其中发达国家的遗产保护经验显示，居民对遗产价值的认同和参与意识强弱，也是遗产保护一种有效途径。广东省政府上述规定，充分注意并明确规定："开平所有地的村民委员会可以建立群众性的保护组织，对碉楼进行保护。文化行政部门应对群众性保护组织的活动给予指导。任何单位或个人都有保护碉楼的义务。""为保护开平碉楼作出贡献的单位或个人由开平市人民政府予以奖励。"在开平碉楼比较集中的塘口镇自力村、赤坎镇"加拿大村"、百合镇马降龙村、蚬冈镇锦江里等，还推出更具体的保护实施办法，并开展群众的宣传活动，使开平碉楼保护成为一项群众性处自觉行动，成为一种长效机制，这无疑会收到更加良好的效果。

开平碉楼申遗成功，跻进"世界文化遗产"之列，极大地激发从中央到地方各级政府、各相关部门和当地居民对开平碉楼的关注保护热情，掀起一个又一个的宣传、推广、托管等热潮，使开平碉楼声誉达到历史巅峰。保护和开发也进入一个新阶段，不少华侨主动来信、来电或亲自回国办理托管手续，立园后人第一个提出申请，成为碉楼托管第一例。开平市政府和有关部门，很快划定480公顷土地，作为碉楼保护范围；2680公顷土地为碉楼缓冲区，区内建筑不得超过3层，低于12米；周边也不摆布工业项目，已有马降龙村附近水泥厂被叫停他迁。这都有效地维持碉楼所在地区生态环境安全，并保障它的可持续发展。而为避免碉楼开发中出现破坏现象，对申遗4个提名点，即迎龙楼、瑞石楼，自力村群楼和马降龙村群楼参观人数限制在1000人以内，每次上楼不超过30人，另对周边自然和社会环境作了大力整治，并增设旅游服务的基础设施和服务设施，还拟建世界上第一家碉楼宾馆等，这都为保护和开发开平碉楼创造了良好的条件。但要真正达到世界文化遗产保护的各项要求，仍要付出很大努力。

2. 碉楼的旅游开发

碉楼是中西文化交流产物，侨乡文化的一张名片，除了它的历史价值、建筑价值、景观价值等可供科学研究、宣传、教育使用以外，旅游开发是它最重要、最有实效的资源利用方式。特别是申遗成功以后，开平碉楼由名牌效应而

开平碉楼月色（曾文当摄）

产生的旅游热潮，正席卷而来。

开平碉楼是五邑侨乡百姓主动接受外来文化，并结合当地自然、人文特点而产生的建筑景观，它在中国乃至世界应是独一无二，是独有的旅游资源，是五邑以外地方难以替代的，也是它独具魅力的旅游价值所在。

开平碉楼作为优秀旅游资源与环境，其组成优势主要在于其自然环境、人工环境、文化古迹等方面，与国内其他世界文化遗产相比，有些是在伯仲之间，有的则更胜一筹。具体而言，开平碉楼与村落的旅游开发，可归结于四个方面。

（1）广东最美乡村之一。碉楼所在潭江流域，山清水秀，绿草如茵，自然生态优美，人类活动尚未严重干扰大自然环境，所以这里仍是适宜人类居住、创业、休闲、度假之地。三冬无雪，四季皆花，尤其春天在白云蓝天之下油菜花遍地，庐舍掩映，阡陌纵横，碉楼倒影，鹅鸭争食，加上水塘、石径、绿道，构成一幅天地人和谐相处水墨画，让人心旷神怡，大有梦里桃源之感。故有人认为开平是广东最美乡村之一，诚不为过。

（2）中西合璧建筑文化景观。星罗棋布五邑大地的碉楼，最能反映近百年来中西建筑文化结合的历史进程、景观特色和文化风格，是一种既可视又可悟的文化景观，是不可多得更不取代文化旅游资源，也是一部侨乡鲜活的历史教科书。沿着碉楼轨迹，走进逆向时光隧道，感受广东历史变迁，再现侨乡重大历史事件，会深受心灵的震撼和启迪，这不仅是视觉空间的满足，而且也是一种历史修学旅行，故这种景观旅游很受游客欢迎。近几年开辟的立园—自力村—马降龙村—锦江里—赤坎镇—南楼一线旅游，就很兴旺，成为最抢手的一条旅游热线。也因为如此，碉楼群成为影视作品拍摄基地。如近年很受欢迎、粉丝最多的电影《让子弹飞》，反映了民国时期军阀、土匪、骗子之间的争斗。这部电影以鹅城为背景展开各种惊心动魄的夺命之争。鹅城即为今台山市水步镇冈宁墟，拍摄场景保留至今，"鹅城"二字仍赫然入目。不少游客由此慕名来游，带动当地经济。

台山水步镇冈宁墟拍摄
《让子弹飞》电影中的
"鹅城"（司徒尚纪摄）

（3）寻根旅游。碉楼源于海外，成长于侨乡，是联结华侨华人与侨乡亲人的桥梁。由此形成的碉楼情结，具有巨大的凝聚力和向心力，是海外赤子寻根问祖之地。那些不远万里归来的侨胞，回到故乡的第一个视点即为碉楼。碉楼游会唤起他们历史的回忆和复杂感情，产生精神和物质效应，是碉楼旅游一个强大而持久的原动力。

（4）休闲度假旅游。五邑侨乡，原有很多山水名胜、温泉、美食、奇风异俗可作为旅游资源开发，以碉楼村落加组合，是休闲度假旅游一个理想之地。如自力村铭石楼、云幻楼，配以荷塘、居庐、小径，另有一番天地。马降龙村碉楼、别墅，茂林修竹环绕，清新空气，鸟语花香，一派迷人风采。加上潭江盛产河鲜、马冈鹅、赤坎豆腐角，各村镇艾糍、出糍、鱼腐、牛栏丸、黄鳝饭、钵仔糕等传统美食，都足可使人流连忘返，在此休闲度假，享受快活的人生。

（5）爱国主义教育旅游。五邑侨乡历史人文荟萃，古有陈献章，近有梁启超、陈垣、冯如等一大批文化精英，对推动中国历史发展，繁荣中华文化作出重大贡献。他们很多人出生、成长在碉楼所在城乡。新中国成立前发生在碉楼里的革命事迹，特别是抗战时以南楼七烈士为代表的英雄壮举，洋溢着撼人的精神力量。今南楼已成为爱国主义教育基地，是碉楼旅游路线一个重要景区，无数青少年学生、干部在此受到爱国主义教育、熏陶，将转变成巨大精神力量，为捍卫民族尊严，建设社会主义强国而斗争。

当然，由于碉楼分散，大量文物散失，又为私有财产，以及楼体建筑损坏等问题，使其旅游开发会碰到许多困难和问题。但申遗成功后旅游开发的经验表明，只要碉楼游的科学定位准确，不断创新，做好规划，保证有关法律法规的实施，碉楼旅游的经济、社会和生态效应是完全可以达到预期效果的。

第二楼

侨墟骑楼

一、骑楼历史渊源

骑楼是一种近代出现的底层可以行人的沿街店屋式建筑。在"骑楼"一词出现以前，各地对其称谓并不相同，在四川称为"凉亭子"，在新加坡和吉隆坡称为"五脚基"，在台湾称为"亭仔脚"等。而"骑楼"作为正式名称，最早见于1912年民国政府为治理广州颁布的《取缔建筑章程和施行细则》中，其十四款出现"有脚骑楼"名称。在其后《修正取缔建筑章程》中，将"有脚骑楼"简称为"骑楼"。自此，骑楼在以广州为中心的珠江三角洲地区传播开来，并很快扩布到华南沿海，成为一种很普遍的地域建筑，学术界称之为"南洋风"建筑。这又与其来源于东南亚，甚至更遥远的地中海地区，与海上丝绸之路密切相关，故其历史渊源不能不涉及中外文化交流等众多方面。根据中山大学林琳教授研究，主要有以下几种来源。

1. 印度的"外廊式"殖民建筑

1993年，日本学者藤森照信认为，骑楼建筑在形态上源于"殖民地外廊样式"（Colonial Veranda Style），是由英国殖民者模仿印度 Bungal地方土著建筑形成的。"Veranda"源于印度贝尼亚普库尔（Beniapukur）地方的方言，英国模仿当地Bungal土著建筑的四面廊道，建筑了具有外廊风格的建筑，殖民者称为"廊房"（Bungalow）。当初英国殖民者来到亚洲热带潮湿的地区后，为通风纳凉、减少湿热困扰，向当地土人学习，建造了一种外廊通透式建筑，形成半开敞半封闭、半室内半室外的生活空间。由此英国殖民者在逐渐适应了印度地区的气候环境，势力范围也不断扩大到东南亚。这种建筑形式也得以传播开去。在中国广州、海口、香港等一些城市近代出现的租界地区或学校，目前还保存了不少这类外廊样式建筑。

2. 地中海的"柱廊式"宗教建筑

根据文化传播学派的先驱德国地理学家拉采尔的观点，如果在分隔很远的两个地域中，有一致或相似的文化要素，则两地文化必定存在着历史上的同根同源关系或某种联系。由于东南亚地区与地中海地区曾因航海业的发展而在历史上多次发生联系，文化要素是伴随民族迁徙而扩散的。欧洲的传教士为了向东方广泛传播基督教，不远万里，远渡重洋，在远东建立了众多的教堂建筑。这些教堂的早期形式是全欧洲式的，到后期则在各地有了各自的发展和变化，但其中的柱廊式和柱式则被广泛运用于各类建筑的外立面上，成为欧洲建筑与当地建筑相结合的基本方式。骑楼也成为柱廊样式的世俗建筑的典型代表。

这种柱廊样式建筑随着古希腊、古罗马在地中海地区的扩张，在环地中海周边的包括欧洲、亚洲、非洲几乎所有国家得到广泛传播，逐渐形成了地中海"柱廊"建筑文化地域圈。柱廊式建筑不仅存在于宗教和世俗建筑中，甚至古埃及底比斯古城王室的陵墓也加上了一圈柱廊，厚重、简单的形式变得开朗而精巧。18世纪，欧洲兴起了新古典主义建筑，外观上又一次大量出了柱廊空间。这个时期正是东西方文化广泛交流碰撞的时期，许多受西方文化影响的东方城市，也大量出现了拥有柱廊的建筑，骑楼就是典型。直至20世纪末，这种柱廊样式再次复苏，席卷中国大地，不少城市的广场、重要建筑的入口等都出现了新一轮的古罗马柱廊，如广东中山市古镇中心广场柱廊与梵蒂冈的广场柱廊就非常相像。在广东沿海一些城市兴建了不少带有骑楼的新商业建筑，即受此风影响所致，可见古典柱廊的源远流长。

3. 欧洲的"敞廊式"市场建筑

商业活动随着城市的发展成为市民生活的重要内容，市场代替庙宇发展为城市的中心，柱廊被加在市场边沿，俗称敞廊。敞廊建于市场的一面或几面，开间一致，易于商业活动。商业兴旺的地方，敞廊进深加大，并隔为两进，后进设单间小铺；还有一些敞廊是两层的，采用叠柱式，下层用粗壮质朴的陶立克柱式，上层用欣修华丽的爱奥尼柱式。在一些经过规划的棋盘形城市里，市场在干道的一侧，地段方正，周围柱廊连续，既对外开放又有内向空间，形成原始的、独立地段的商业贸易中心区的雏形。在意大利公元79年被苏维威火山爆发掩埋后又发掘出来的庞贝古城废墟中，小商店、小酒店、小客栈遍布大街小巷。由于人口压力和地价飞涨，庞贝城住宅变得紧凑密集，向楼层发展，以柱廊作为沿街立面。在这座城的一些大道两旁，底层为商店上层为住宅的混合建筑已很流行。古希腊、古罗马出现的市场建筑或商业街既是与其当时的社会经济有关。又与地中海地区的气候、资源等自然条件有关。在奥地利因斯布鲁克老街上，还保留着完好的敞廊商情建筑。随着人类社会的发展和文明的进步，特别是西方殖民势力扩张和文化传播，这种建筑形式广泛运用到世界其他地区，逐渐成为"骑楼式"建筑的模板。如美洲加勒比海地区成为新大陆发现后西方文化传播的重要阵地，古巴首都哈瓦那旧城中心区商业建筑的连续石砌拱廊，即为古罗马文化传播的历史印证。

4. 中国的"檐廊式"店铺建筑

宋代，由于商业空前繁荣，城市商业街道迅速发展，规模不断扩大，出现了张择端《清明上河图》的美丽画面和繁荣景象。城市规划的坊里制也发生了根本的变化，不再像唐长安的坊里严格封闭，按时闭门，而是按孟元老《东京梦华录》中的描述那样，城中虽有坊里，但已废弃了坊墙、坊门，各户均直接向街巷开门，有利于沿街店铺的经营，反映了城市经济的发展和市民阶层地位的提高，城市形态也由封闭发展成为开放的商业街市。檐廊式街道由此应运而生，北宋皇城开封汴河堤岸的房廊便是"檐廊式"建筑。在浙江、江苏、河南、山西、安徽、四川、广西、广东、福建等地区的城镇，沿街、沿海的檐廊式店铺大量涌现。如安徽歙县唐模村的沿河街道，为了增强水上景观的视觉效果，人们将檐处理成腰檐的形式，使楼上的窗户可以直接面向河道开启，既增大了观景范围，又获得了良好的采光通风条件，加上临河廊道的"美人靠"设置，将东南园林与街道空间结合起来，将步行、购物、休憩、观景等活动有机结合，获得了具有江南地域风格的建筑形式。由于南北自然气候条件、社会经济文化的差异，其建筑形式在各地多有发展和变化，形成了"北弱南强、北少南多、北抑南拓"的格局。即北方城市檐廊式商业街仅仅昙花一现，基本没有再发展；而四川盆地、江南水乡一带则有所发展，但仅是规模数量上和在新商业街区的增长；东南沿海地区的檐廊式建筑则发生了质的变化，演变成典型的

"骑楼"形态。

5. 中国南方的"干阑式"居住建筑

架空离地的"干阑式"建筑历史悠久，大约在原始社会末期已经出现。它源于中国南方和东南亚地区原始居民的巢居，是最早的住宅形式之一。随着空间需求的扩大，智慧的先民们利用相邻的几株大树的树干和树枝的交叉、组合、填充来构筑居住面和棚架，原始"干阑"逐渐形成。在距今7000年左右浙江余姚的河姆渡文化中，载桩架板的干阑式建筑，揭示了南方多雨多水的条件下房屋建筑的自然选择。而广东高要茅岗遗址发现的成片的干阑式木结构建筑、广州近郊出土的汉墓明器中的干阑式建筑、湖北蕲春西周遗址的干阑木构建筑、浙江河姆渡原始社会的干阑式建筑的风格都比较相似，说明岭南文化与吴越文化、荆楚文化的渊源关系。在中国的少数民族地区，仍保持了古老的居住形式，干阑式建筑随处可见。目前仍采用这种居住建筑形式的有傣族、景颇族、崩龙族、侗族、水族、拉祜族、佤族等民族，如傣族的竹楼、侗族的"吊脚楼"，壮族的麻栏等。只是建筑材料有木、竹、草、土坯等差异，反映了原始粗犷而又淳朴自然的民族情趣和创造力。由于这种离地而居的干栏式住宅具有防潮、通风、凉爽、安全的优良功能，适合在南方炎热多雨、地面潮湿和毒蛇猛兽横行的自然环境里的人类居住，所以很快就流行起来，并世代相传，成为地区历史最悠久的一种主要建筑类型。

可见，骑楼建筑的历史渊源甚为古老，地域来源非常广泛，是多种建筑文化交流、融合的产物。而以上来源的国家和地区，分布在印度洋、太平洋、大西洋等沿岸，都是海上丝绸之路所涉及的地区，故可以说，骑楼实是海上丝绸之路的产物。

二、 五邑骑楼发展时序

骑楼从产生、发展到现在，其演变轨迹见证了广东社会经济发展的历史沧桑，经历了中西文化的强烈的冲撞、融合的变化过程，最终形成景观特征和文化风格，及其分布格局。广东全省如此，作为广东最大一个侨乡，五邑地区更不例外，尤以台山、开平为著。从骑楼纵向轴而言，大致可归纳为初始期、发展期、停滞期、衰退期和复兴期5个阶段，每个时段都有其特定性质、规模和分布格局。

1. 初始期

骑楼何时传入广东，虽然见仁见智，难以定于一尊，但通常认为，骑楼是19世纪末20世纪初从东南亚向广东沿海多个口岸平行推进的，并由此形成多个分支，继向内地辐射扩散。有论者认为，马来半岛处在中西交通要道上，是较早接受西方建筑文化的地区之一，骑楼甚有可能通过华侨与广东的联系而进入侨乡城市，并在当地扎根成长，成为最早一批骑楼。上世纪初、广州出现并确定"骑楼"称谓，正是它在广东出现之嚆矢。五邑地处珠江出海口附近，自古即为海外交通要津。据宋代朱彧《萍洲可谈》载："北人过海外，是岁不归者，谓之住蕃；诸国人至广州，是岁不归者，谓之住唐。"这些住蕃不归者，应为出国华侨的先驱。时新会、台山为广州通南洋一个主要通道，五邑人随之出洋，谅不在少数。即使在明清海禁时期，五邑也有人铤而走险，出海贸易。据民国《新会乡土志》载，沙堆镇人高竹，不堪"迁界"、"复界"折腾，被迫亡命澳门，后又到了泰国，学医16年，回国后当了康熙皇帝御医，此为有文字记载五邑华侨第一人。鸦片战争后，出洋蔚为风气，仅1854年美国三藩市宁阳会馆就接待台山人8439名；1840—1876移民到美国华侨有15万～17万人，其中五邑人达12.4万人，约占78%。在东南亚众多华侨中，也不乏五邑人身影。在新加坡、马来西亚华人的历史上，著名五邑成功人士中有被称为"新马华人三杰"的曹亚珠、陈光炎、赵煜，以及华人甲必丹（一种官佐）叶观盛和南洋巨富陆祐。陆祐在上世纪初为岭南大学捐建大楼一座，称"陆祐堂"，后为中山大学地理系大楼。

五邑华侨这些往来，将骑楼引入家乡势所必然。据台山市博物馆叶玉芳、林瑞心《台山侨墟调查报告》认为，从清同治至光绪年间（1861—1909年），为侨墟雏形期，"此时的侨墟以传统骑楼为主，即是柱廊式骑楼，楼高2层，砖木结构。柱用砖砌，廊檐为木梁和瓦，商铺的门脸也是木结构，比如端芬镇庙边墟、台城大亨墟都保留有这类传统的骑楼商铺"。这里所说雏形期与本文初始期并无多少差异，应为台山有骑楼的起点。

2. 发展期

在政府大力推动下，民国初年广东迎来骑楼发展黄金时期，以广州建筑模式为内容的市政建筑计划推广到其他城市，尤以沿海沿江重要城市先后仿效成风，有计划地建设骑楼街，有力地促进骑楼在广东城镇的进一步发展。1924—1929年，台山出现第一次改造建设商业街区高潮，台山公务局负责统筹管理，制定骑楼建筑的专门而又详细规定，所有墟镇骑楼建设场应一体执行。其中公务局颁布《建筑凭照》就有关骑楼建设规定，内中包括：

（1）凡城市经改良之街道新建铺屋，地下一层高度不得少过十五英尺，二楼一层不得少过十二英尺，三楼以上各层每层不得少过十一英尺。

（2）凡楼梯全身斜度至少以四十五度角为限，每级高度包级面不得高过八英寸，阔度不得窄过八英寸，长度不得少过二英尺六英寸。凡茶楼、酒店、旅馆、戏院及其余一概公共场所，不得少过四英尺。惟避火梯不在此限。

（3）凡新建铺屋非四面通光者，须留通天位，占全地面积六分之一以上。但有特别情形，经本局勘明时得增减之。

（4）凡近厨房处间格，不得用木板及各种易焚之 材料为之。灶上须造铁质烟罩一个，上接烟筒。凡烟筒出口须高出屋顶三英尺以上。凡厨房及天井要造暗渠，直通马路，使雨水、臭水接入街渠为限。但将接街渠之处，要造平面一英尺丁方以上之留沙井一个。凡通天及厨房之地面，须低于铺屋内之地台面六英寸。

（5）凡天面雨水须以水斗水筒接落地面。如水筒安在人行路内，须于水筒脚接以暗渠透出马路，不得任由水筒之水泻落人行路面。……水筒如系安在当街处，则以方形筒为舍，否则须用生铁铸成者为限。

（6）凡马路及人行路上，不得伸出阶级及檐蓬各阻碍物。

（7）凡地下一层门扇不得掩出街外。

……

从民国十三年（1924年）到民国十八年（1929年），台城镇出现了第一次改造建设商业街区的高潮。县政府成立了市政建设办事处，按照中西合璧的骑楼式样，拆除旧城墙，加宽马路，改建和新建了西门路、县前路、城东路、正市街、南昌路、中和路、北盛路、北塘路、南堤路、济宁路、西荣路、东华路、新河路、南塘路、通济路、光兴路、三台路、西岩路、和平路、龙河路等20多条骑楼街区，形成三大商业组团，台城镇的骑楼商业街焕然一新。街区内钱庄银号、苏杭丝绸布庄、金银首饰铺、茶楼咖啡屋、影院剧场应有尽有，并且各行各业相对集中，形成专业街巷，商贸繁荣，被誉为"小广州"。

在开平和五邑其他地区，骑楼建设也方兴未艾。开平赤坎现有600多座骑楼，大部分都是这个时代兴建的，后成为广东著名的赤坎骑楼一条街。1902年江门被辟为通商口岸，1913年新宁铁路通车终点在江门北街，1925年设立江门市政府，江门城市迅速发展，开辟多条马路，皆以骑楼为街景。此外，鹤山沙坪、新会会城、恩平恩城作为县城，也以骑楼的街景建成新城区，这都标志五邑骑楼建设进入大规模发展阶段。

3. 停滞期

20世纪30年代以后，日本侵华战火蔓延大半个中国。1938年广州、佛山、江门等城市相继沦陷，日寇铁蹄蹂躏大片江山。30年代前后广东相对稳定的局势不再，百业凋零，侨乡经济不景，骑楼建设陷于停顿，更有不少骑楼在战火中损毁。特别是1941年太平洋战争爆发，美国对日宣战，侨汇中断，五邑经济陷于困境，骑楼建设一蹶不振，仅见一座新楼诞生。1945年抗战胜利，台山华侨吸取战时无地、大批人饿死的惨痛教训，多用侨汇购地或办理出国手续，没有把资金投放碉楼、骑楼、别墅之类建设，近代建筑处于历史停滞期。

4. 衰退期

新中国成立初相当一段时间，不少侨眷出国，原有骑楼人去楼空。1958—1961经济困难时期，无力营建骑楼。"文革"期间，骑楼欧化外观和西方文化元素，被视为资产阶级文化和情调而受到猛烈批判或损毁，大量优秀骑楼作品毁于一旦，至今仍留下斑斑劣迹。全省如此，五邑侨乡更不例外，骑楼建设日益衰退，进入暮年时期。

5. 复兴期

改革开放以来，落实华侨政策，被没收的侨房回归原主，骑楼获得新生和发展活力。一些年久失修或被破坏部分到恢复或翻新，与旧城改造或城市扩张相结合，一些骑楼被重新包装，如台山有些城镇骑楼廊柱，被涂上新色调，也有些骑楼被改造，特别是改为步行街，采用腰檐处理方法，将上部主体建筑后退，而腰部及膝部伸出，形成适合现代街道空间新形式。如江门常安路过去是两条骑楼街的连接路，现建成步行街，利用铺面改造和招牌挑檐处理，同样收到骑楼或类骑楼功效。经过历史变迁和其他街道建筑形式相比较，骑楼作为一种建筑文化形态最适应岭南炎热多雨地理环境，又方便商品交换需要，是其他街道建筑难以比较的，故近年价值被重新发现和肯定，从而得到复兴，这已成为当今城镇建筑发展一个潮流。

这样一来，骑楼在五邑经历了由起始到发展、到停滞、衰退到现今复兴时序系列，波澜起伏，曲折多变，最终验证这是最适宜侨乡，也是整个岭南地区的建筑形式，拥有巨大的生命力。应从这个历时规律出发，来认识骑楼现状，规划它的利用改造，以及未来可持续发展等问题。

三、五邑骑楼风格和分布

1. 广东视野下五邑骑楼

骑楼作为城镇商住建筑，其分布深受所在地区经济发展水平、城镇密度、交通状况和区域文化影响。中山大学林琳博士根据骑楼数量，勾画出我国南方及周边国家和地区骑楼空间分布结构图，在整体上呈圈层状，大致可划为珠江三角洲核心圈、粤东粤西粤北边缘圈、琼桂闽赣台外围圈、东南亚及其他外域圈。而珠江三角洲核心圈实可分广州及五邑中心圈层，周边为粤东、粤西、粤北边缘圈，构成广东骑楼版图。五邑与广州一样，占有广东骑楼核心地位。按广东21个地级市统计，以每千平方公里拥有骑楼座数为指标比较，排位顺序是汕头0.969座/10^3千米^2，潮州0.830座/10^3千米^2，佛山0.787座/10^3千米^2，广州0.673座/10^3千米^2，江门0.629座/10^3千米^2，最低为河源，仅为0.253座/10^3千米^2，江门位居全省第五，属21个地级市骑楼密度最大组别。全省骑楼分布密度具有由沿海向内陆、由河谷平原向山区，由南向北遂减的规律。

由于骑楼来于海外，有研究显示，马来半岛为传入节点，继分3个方向向太平洋沿岸传播。这三个传播中心一为广州，一为海口，一为台北，然后以这3个城市为中心向罔围地区传播。五邑邻近广州，民国初年广州开始大规模拆城墙，开马路，建骑楼，即城市近代化运动。这很快波及五邑地区，从而有了骑楼在五邑的发展时期。另外，五邑地区华侨也直接从海外传入骑楼形式、图纸、建材和工艺，使五邑骑楼风格更加多元化。

2. 五邑骑楼文化风格

骑楼是中西文化交流的产物，既有本土文化基因，更有大量外来文化元素，尤其是后者在五邑地区占压倒优势，由此形成骑楼文化风格，形式多彩多姿，令人瞩目。

从骑楼建筑平面类型而言，广东城镇民居建筑普遍采用单开间形式，在粤中地区称为"竹筒屋""直头屋"等。骑楼就在这种单开间竹筒屋基础上发展

端芬汀江圩（苏照良摄）

起来，其形式简单，易于建造，在用地紧张、地价昂贵的城镇多被采用，故竹筒屋被视为广东骑楼的原型。开平市太平路这种形式骑楼就很常见。

单开间竹筒屋并联即为双开间式骑楼，两楼联成一体，能较好地解决采光通风问题。两间共同天井；布局灵活，形成可分可合的平面组合，争取得较大面积店铺空间。台山市台城镇北盛旅店所在骑楼，即为这种双间式骑楼典范。

单开间或双开间骑楼的扩展，即为多开间骑楼，通常有三开间、四开间、五开间，甚至更多开间，在街市转弯处多采用，以象征主人财力宏厚或商业形象。这种骑楼通过反映楼主有雄厚财力和高大的商业形象，具有强烈可识别性和意象性。如江门堤中路中华酒店属其例。大抵五邑侨乡，骑楼造型以单、双开间为主，只在转弯拐角之处采取多开间形式，即小型单栋式骑楼为五邑侨乡骑楼主体，也有一些是单家独户式的。例如开平市赤坎镇华东路某栋骑楼即为单栋骑楼，大有唯我独尊的气派。三埠风采路也有这样一栋骑楼，不过为三层，也有鹤立鸡群、独领风骚之形象。

但骑楼的文化个性主要在它的立面，这可分为近代式骑楼和现代式骑楼两大类型。近代式骑楼是指产生于20世纪30年代的骑楼，建筑体量不大，多为2~3层，注重临街立面的装饰式样，主要采用中西传统建筑符号。按符号文化内涵，又有中式骑楼和西式骑楼之别。五邑侨乡为西方文化荟萃之地，西式骑楼为当地骑楼主体。这大概有如下几类。

（1）仿古罗马式。为模仿古罗马券廊样式，连续的拱廊丰富了街道与骑楼下的过度空间，产生建筑明快的韵律和节奏感。这种形式遍及地中海大部分地区，在巴黎很流行，在广州长堤的新华大酒店、万福路口也不乏其例。在五邑并不少见，台山四九墟锦昌村、端芬镇庙边、半山镇浮月村、台城日新小学、冈宁墟、四九墟、台城常兴村、汀江墟梅家大院等，都有不少建筑采用罗马柱和拱券，显得华丽富贵，气势迫人。

（2）仿哥特式。这种骑楼模仿法国哥特式教堂的垂直线条和尖券等细部装饰手法建成，在广东少见。广州一德路"天主教圣心堂"即石室、广州北京路科技书店正面、湛江霞山天主教堂等，堪为其代表作。在台山则有台城镇台西路基督教堂、上川岛浪湾方济阁，为这种建筑代表，惜皆为宗教建筑，不是骑楼。但它那高耸尖顶、升腾意象，似要把人引向广漠天空，却别有情趣。

（3）仿巴洛克式。这种建筑兴起于17世纪意大利罗马，巴洛克意为"畸形的珍珠"。人们对其褒贬不一，贬者认为它虚伪，矫揉造作，但对城镇建设，却以其系统性和动态性功不可没。巴洛克建筑具有鲜明的特点和风格。这包括：一是炫耀财富。大量使用贵重建筑材料，装饰追求鲜丽色彩，显得一身珠光宝气，夺人目光。二是追求新奇。设计者喜欢标新立异，违世抗俗，使用前所未见建筑形象和不断变化的手段手法，以取得惊世效果。为此，首先赋予建筑物和空间以动态，或波折流转，或骚乱冲突；次之，突破建筑、雕刻与绘画界限，使三者相互交融，渗透；再次，不顾结构逻辑，采取非理性的组合，以谋取反常结果。三是趋向自然，师法自然。在建筑装饰中增加自然题材，如植物、动物等。四是张扬情感。借助于建筑的实体装饰为自己和城市产生快乐气氛。这种建筑的外观是上部为三角形构图，开间有大小变化，山花有不完整或重叠变化；嵌入纹章、匾额和其他雕饰壁画；又运用曲线、曲面创造波澜起伏的立面，产生强烈的动感。

台山白沙墟仿巴洛克骑
楼一条街（黄朔军摄）

开平赤坎仿巴洛克骑楼
一条街（李玉祥摄）

　　基于这些特点和表现手法，特别是它的敢于创新，突破世俗，不断探索的精神，它比其他建筑形式应用更广，自意大利兴起以后，很快传入西班牙，越过大西洋，传入美洲，后又借助于海上丝绸之路和移民，传遍全世界。五邑华侨多居美洲，日常不离巴洛克建筑景观，也深受其风格浸染，自觉或不自觉地通过不同方式将其带回家乡，引发广东地区特别是五邑骑楼建筑样式为代表的仿巴洛克风格的盛行。

台山斗山浮月村仿古罗马式骑楼
（邱真全摄）

　　这种建筑体现了华侨祈望经济富裕、生活丰富多彩的良好愿望，因而能在文化开放的广东立足和迅速流行，成为骑楼建筑的主流。但它又不是原封不动地照搬，而是结合岭南地理环境和传统民居的特点而附加以巴洛克的形式，故称"仿巴洛克"，成为五邑骑楼一大特色。这体现在几个部位：一是阳台外观凹凸变化，不是单调的一条直线，例如江门市不少骑楼大街，这种阳台伸出墙体，非常整齐划一；二是顶部造型庞杂，曲折变化，呈现连续韵律，甚至整个立面、整条街道都在使用仿巴洛克，形成仿巴洛克一条街。在台山台城、开平市中和路、赤坎中华东路等骑楼顶上，到处都是仿巴洛克的风格。

　　（4）仿文艺复兴式。文艺复兴是14世纪欧洲摆脱中世纪黑暗统治后，以意大利为中心的思想文化领域里的反封建、反宗教的新文化运动，重新认识古希腊罗马的人文价值，赋予新兴资产阶级以生命力，为资产阶级革命鸣锣开道。

在建筑史上吹响意大利文艺复兴序曲的是佛罗伦萨主教堂的穹顶。文艺复兴建筑有两种表现形式，其一是重新学习古柱式，风格人性化，将传统柱式与愉快风格与自由活泼的构图结合起来，并加上一些哥特式的细部装饰。其二是追求新颖尖巧，较多地采用壁龛、雕塑、涡卷等，将壁柱、盲窗、线脚等在立面上进行图案拼合，将弧形和三角形的山墙套叠在一起。这反映在墙身上、窗口的组合形状、壁柱形式都模仿西方手法，时有自己独创的创造和灵活发挥，故曰仿文艺复兴式骑楼。在广州，典型仿文艺复兴式有同福西路骑楼。而在五邑，这种样式骑楼数量仅次于上述仿巴洛克式，部分采样有625座，其中台山有337座，占54%，在台城东华街、环城南、通济路、五十墟牙科诊所、冲蒌墟广昌隆、斗山墟宏利号与南昌号，西廓墟、上泽墟等都有不少这种样式骑楼。

（5）南洋式。在广东部分地区，受当地自然和人文环境因素的影响，骑楼反映了中西文化的交融和整合，表现出浓郁的地方特色，是为中西合璧式骑楼。最明显的是山墙立面在女儿墙开个圆形洞口，以减少台风或季候风对墙体压力，故在海南岛、雷州半岛、珠江口两岸骑楼中这种立面的骑楼甚多，形成

台城仿文艺复兴式日新学校
（邱真全摄）

通透，轻巧的文化风格。五邑临海，深受台风影响；另外，女儿墙洞口据说还有辟邪保护航海安全功能，五邑出海华侨甚多，这种航海安全诉求，强化了女儿墙装饰洞口功能，故这种骑楼在五邑分布很普通。又缘于这种形式来源于东南亚，故又称为南洋式骑楼。如台山市台城镇中华银号、基督教堂、溯源学校纪念堂、革新路东华街、通济路、北盛路、冈宁墟、公益埠胥山纪念堂、五十墟河北路、警察局、冲蒌墟广昌隆、斗山墟骑楼街、汀江墟骑楼等都有这样的细部。

五邑侨乡有大量骑楼及如此多样的建筑风格，在广东骑楼总量中占重要地位。根据林琳教授调查统计，广东骑楼的分布格局见表1。

在全省部分城镇4984座骑楼中，五邑有2236座，占总数45%。仅此一项，五邑就是广东骑楼集聚之区，中西文化交流重点。其中台山骑楼达1159座，居全省之冠，占全省23%，占五邑52%，亦达相度可观程度，是广东最大骑楼之乡。而骑楼样式，据林琳教授研究，在全省的分布态势见表2。

风格多样的台山昌蓉学校（黄朔军摄）

表1　广东部分城镇骑楼样式采样统计表（个）

地区		中国传统式 ①	中国传统式 ②	仿古罗马式	仿哥特式	仿文艺复兴式	仿巴洛克式 ③	仿巴洛克式 ④	仿古典主义式 ⑤	仿古典主义式 ⑥	南洋式	芝加哥学派式	现代式	新建筑	粤东式	合计
合计		27	1215	17	1	928	1477	179	40	2	243	142	30	70	—	4371
广府 珠江三角洲	小计	20	600	17	1	241	244	173	25	2	157	127	30	70	—	1707
	广州	14	295	17	1	85	48	105	25	2	60	116	10	10	—	788
	佛山	2	100	—	—	11	8	1	—	—	10	2	—	50	—	184
	东莞	3	55	—	—	13	20	42	—	—	10	—	—	—	—	143
	中山	1	100	—	—	77	103	—	—	—	35	3	—	10	—	329
	石龙	—	50	—	—	55	65	25	—	—	42	6	20	—	—	263
五邑	小计	5	285	—	—	625	1220	5	15	—	72	9	—	—	—	2236
	开平	—	90	—	—	130	230	—	—	—	5	—	—	—	—	455
	江门	1	30	—	—	88	175	—	—	—	24	—	—	—	—	318
	台山	2	125	—	—	337	640	5	8	—	33	9	—	—	—	1159
	赤坎	2	40	—	—	70	175	—	7	—	10	—	—	—	—	304
西江	小计	1	170	—	—	24	2	—	—	—	2	—	—	—	—	199
	肇庆	1	90	—	—	2	2	—	—	—	2	—	—	—	—	97
	云浮	—	50	—	—	22	—	—	—	—	—	—	—	—	—	72
	怀集	—	30	—	—	—	—	—	—	—	—	—	—	—	—	30
高阳	小计	1	160	—	—	38	11	1	—	—	12	6	—	—	—	229
	高州	—	60	—	—	22	5	—	—	—	10	—	—	—	—	97
	阳江	1	100	—	—	16	6	1	—	—	2	6	—	—	—	132

续表

地区		中国传统式		仿古罗马式	仿哥特式	仿文艺复兴式	仿巴洛克式		仿古典主义式		南洋式	芝加哥学派式	现代式	新建筑	粤东式	合计
		①	②				③	④	⑤	⑥						
福佬	合计	-	347	-	-	40	17	23	-	-	6	8	20	-	126	587
	汕头	-	55	-	-	22	12	18	-	-	-	8	-	-	60	175
	潮州	-	150	-	-	3	3	-	-	-	5	-	-	-	-	161
	丰顺	-	60	-	-	6	2	-	-	-	-	-	20	-	-	88
	澄海	-	82	-	-	9	-	5	-	-	1	-	-	-	66	163
客家	合计	-	26	-	-	-	-	-	-	-	-	-	-	-	-	26
	惠州	-	20	-	-	-	-	-	-	-	-	-	-	-	-	20
	乳源	-	6	-	-	-	-	-	-	-	-	-	-	-	-	6
总计		27	1588	17	1	968	1494	202	40	2	249	150	50	70	126	4984

注：本表根据实地调查资料统计。
①为中国传统宫殿式；　　　②为中国传统民居式；
③为仿西方传统巴洛克式；　④为中国化的仿巴洛克式；
⑤为凯旋门平屋顶古典主义式；⑥为西方古典宫殿府邸式。

表2　广东部分城镇骑楼样式比例表（单位：%）

建筑样式

地区		中国传统式		仿古罗马式	仿哥特式	仿文艺复兴式	仿巴洛克式		仿古典主义式		南洋式	芝加哥学派式	现代式	新建筑	粤东式	合计
		①	②				③	④	⑤	⑥						
广府	珠江三角洲 广州	1.78	37.44	2.16	0.13	10.79	6.09	13.32	3.17	0.25	7.61	14.72	1.27	1.27		100.00
	佛山	1.09	54.35			5.98	4.35	0.54			5.43	1.09		27.17		100.00
	东莞	2.10	38.46			9.09	13.99	29.37			6.99					100.00
	中山	2.10	38.46			23.40	31.31				10.64	0.91		3.04		100.00
	石龙		19.01			20.91	24.71	9.51			15.97	2.28	7.60			100.00
	五邑 开平		19.78			28.57	50.55				1.10					100.00
	江门	0.31	9.43			27.67	55.03				7.55					100.00
	台山	0.17	10.79			29.08	55.22	0.43	0.69		2.85	0.78				100.00
	赤坎	0.66	13.16			23.03	57.57		2.30		3.29					100.00
	西江 肇庆	1.03	92.78			2.06	2.06				2.06					100.00
	云浮		69.44			30.56										100.00
	怀集		100.00													100.00
	高阳 高州		61.86			22.68	5.15				10.31					100.00
	阳江	0.76	75.76			12.12	4.55	0.76			1.52	4.55				100.00

续表

地区		中国传统式 ①	中国传统式 ②	仿古罗马式	仿哥特式	仿文艺复兴式	仿巴洛克式 ③	仿巴洛克式 ④	仿古典主义 ⑤	仿古典主义 ⑥	南洋式	芝加哥学派式	现代式	新建筑	粤东式	合计
							建筑样式									
福佬	汕头		31.43			12.57	6.86	10.29				4.57			34.29	100.00
	潮州		93.17			1.86	1.86				3.11					100.00
	丰顺		68.18			6.82	2.27						22.73			100.00
	澄海		50.31			5.52		3.07			0.61				40.49	100.00
客家	惠州		100.00													100.00
	乳源		100.00													100.00
总计		0.54	31.86	0.34	0.02	19.42	29.98	4.05	0.80	0.04	5.00	3.01	1.00	1.40	2.53	100.00

注：本表根据表1计算结果。

台山、江门、赤坎的仿文艺复兴式，仿巴洛克式骑楼都占全省同类骑楼最高比例之列，是当地骑楼的主体。这与五邑返乡华侨为当地较有地位的人，且直接受国外教育，他们的价值取向在建筑形式的选择方面有决定性作用，故五邑骑楼有更鲜明的个性化和西洋化，反映五邑文化与西方文化密切相关。

四、 台山侨墟文化

　　墟即集市。屈大均《广东新语·地语》称，古越语"粤谓野市曰虚"。"虚"以后演变为墟，即定期的商品交易场所，俗称"墟场"。五邑侨乡，特别是台山地区，华侨华人众多，侨居国外人口超过当地人口，历史上商品经济活跃，这种互通有无的场所，习惯称为"侨墟"。现在台山至少保留70多处，为广东甚为少见，具有很高的学术意义和应用价值，有必要作深入探讨，以此为当地社会经济发展服务。况且，侨墟和骑楼是一个整体，有人将侨墟的骑楼称为"侨墟楼"，也有其道理。不过，从建筑形态上说，侨墟上的骑楼与其他城镇的骑楼并无差别，都是同一种建筑，并非五邑特有。故在这里，侨墟与骑楼的组合，是一种建筑景观，也是一种侨乡文化形态。它有自己特定文化内涵和文化风格。为了与五邑其他城镇骑楼保持建筑文化的统一性，一般仍称侨墟骑楼，在特定情况下，称"侨墟楼"。

台城侨墟节日骑楼街（甄永光摄）

1. 侨墟文化概念

侨墟文化是侨乡文化一个亚类，特指产生于侨墟的一种文化类型，可称为"侨墟文化"。这个文化概念应包括，一是必须以侨乡为背景而产生，既有它的自然地理环境，但更重要的是侨乡的社会经济和文化背景。如台山濒临南海，岸线曲折绵长，港湾、岛屿众多，方便内外交通，利于人员进出和商品流转；又境内河涌密布，船只可抵各乡镇，有利于墟镇选址、布局和运作。通过潭江连接珠三角水网，台山经济与珠三角联成一个整体。在人文环境方面，鸦片战争以后，台山人大量出洋，主要侨居经济发达的美、加等地，侨汇成为大部分人生活来源。他们须依靠墟市获得生活物资，促进了墟市兴起和繁荣。华侨文化也由于大量海外移民而产生，在其故土一方，华侨文化是为侨乡文化。侨乡文化具有多元、开放、包容、先进等特点，形成比较平和的社会氛围，易于接纳外来文化，包括外地商品进出，尤其比较敏感的外来宗教等。如明嘉靖三十年（1551年）最早东来的西班牙天主教士方济各·沙勿略选择台山上川岛为进入广东立足点，即有其地缘和文化背景。再如侨乡信息灵通，利于城乡社会经济进步，如台山早在清宣统元年（1909年）就办起我国最早的侨刊《新宁杂志》，内容包括各种要闻、船期、告示等，且多年连绵不绝地赓续下去，无疑推动了当地社会经济发展，极利于侨墟产生和兴盛。二是在文化景观上，侨墟应集中反映侨乡文化风貌，既有可视，又有可悟文化景观。如侨墟百姓用语，即有不少外语成分，例如水泥曰"红毛泥"，商标叫"唛"；衬衣称"恤"，洋葱喊"荷兰葱"，马铃薯曰"荷兰薯"等；集市上所流通货币，包括美元、加拿大元、英镑、日元、澳元、港币等，统称"西纸"；在墟市上可享用到各式西餐，计有美式、墨西哥式、南洋式饮食等；当地人对咖啡、面包、牛扒、猪扒、奶油、朱古力等一点也不陌生。这与其他地区墟市对这些物品称谓和接受程度明显有异。三是侨墟应是近世产物，不是自发地形成，而是有组织地经过规划而产生，故墟场用地规整，功能分工明显，充满近现代文化气息，这也是一般墟市难以相比的。

2. 侨墟文化内涵

侨墟文化有其特定文化内涵，是指它的文化属性，包括物质、制度和精神方面的结构，都有异乎寻常墟市之处。

就侨墟物质文化而言，除了流通各类商品反映它们文化属性以外，还在于侨墟建筑全由中西文化融合而成的骑楼为主要街景，清一色的建筑立面、形制和风貌。如台城台西路、中和街、环城南路、西岩路、东华街、通济路、革新路、正市街、南塘路；圆山墟西华路、圆山路、玉书路、紫霞路；水南墟东来街、冈宁墟各街道；公益墟中兴街、长乐街、苏杭街、河南街；五十墟的河北路、北岸街道；冲蒌墟的光荣路、共和路、胜利路；斗山墟的红岩路、太平路、人民路；汀江墟四周全为骑楼街，大同市的大同市一路、二路、三路、四路等，四廓墟与上泽墟市周边骑楼等。这些骑楼与通常骑楼并无两样，但布局却有其特色，基本上连成一线，围成长条形或矩形；墟期各种农副产品沿街摆布，既有城镇商业氛围，也有农村集市格局；墟场用地分成行业，包括禽畜、土特产、日用百货等，呈现一派百货杂陈，商旅喧腾，熙熙攘攘景象，折射侨乡墟市人货来源复杂，生产社会化、商品化程度高，流通范围广等特色。最典型的庙边墟，平面呈"门"字形，现存骑楼17幢，临街摆布，农历每逢四、九的墟期，届时人头攒拥，交易十分兴旺。最能代表华侨近代建筑群的端芬镇汀江墟，俗称梅家大院，平面呈"回"字形，以骑楼形式繁多、体量大、风格独特、集中联片而蜚声海内外，充分体现中国传统文化与西方文化交融，盛名传承至今，已成为广东省级文物保护单位。

在制度文化层面，侨墟也有独到和先进之处。岭南墟市，通常按物资交流需要，有些自发形成，有些由宗族势力倡导或把持而形成。如始建于光绪三十四年（1908年）台城水南墟，原名"南昌市"，原为朱、黄、邝姓所建，但不准陈姓居民前往买卖，于是陈姓华侨倡议另立新墟，即今水南墟。1920年新宁铁路台城至白沙支线建成，通车经此，水南墟兴盛一时。四九镇五十墟，始建于清嘉庆四年（1799年），由李姓人兴建，后新宁铁路通车，该墟经过扩建，发展很快，成为台山侨墟典范。

　　除了这些宗族墟市（当然后来也得到改造），台山侨墟更多的是近代商品经济产物，特别是侨资参与，一般都经过科学规划，在用地、功能分区，商业布局，建筑形制等都具近现代文化意识，故比传统墟市更有其时代先进性和更丰富的文化内涵，也是侨墟最大一个文化亮点。台城在历史上也可看作是一个侨墟，其建设即经过规划和改造，1924年制订《台山物质建设计划书》，规定街道宽26尺，各边骑楼各10尺，共宽46尺。1927年全城改造全面铺开，不久建设了2条骑楼街，工商各业同时发展，城市面积焕然一新。水南墟在陈姓华侨规划下，建设东来、西华、南盛、东兴四条街，整然有序，围成一个回字形，留存至今。台山第二大镇大江镇公益埠，由伍姓归侨设"埠务公所"管理，负责墟场规划、布局，建成"井"形9条骑楼街，酒店、纪念堂、教堂等公共建筑接踵而起，在新宁铁路带动下，工商各业兴旺发达，闻名县内外。其他如五十墟、冲蒌墟、斗山墟、汀江墟、西廓墟、上泽墟等都有类似情况。故保留至今的墟场格局、建筑风貌都深深地镌刻着那个时代烙印，说明侨墟远胜于同时代其他墟镇，具有鲜明中西文化相结合特色。

　　另外，侨墟的管理，也突破地方宗族势力局限，引入股份制形式，具有近现代商业管理功能，取得明显社会经济效益。如台城圆山墟，1926年成立"市政会"，主持墟场规划，引入西方"集市广场"布局形式，这在当时是凤毛麟角，至今仍不失去其意义，为《风雨西关》《羊城暗哨》《数风流人物》等多部电影拍摄取景场所。上述公益埠设"公益事务所"，除具有指挥部、制订规划建筑方案功能以外，还建立墟镇管理制度。著名汀江墟既以连片骑楼布局驰名，也以制度创新显世，曾引入西方先进股份制管理模式，在当时广东墟镇中甚为少见。如该墟曾制定《汀江墟招股开办章程》和《汀江墟立案简章》，从宗旨、股本、股东权利、铺地、街道，到公款、职员、董事的义务等方面，对墟集市政管理、商务活动规则都做了详细规定，大到墟政决策、公款使用、铺地分配、经营范围，小至摊贩位置、卫生环境．都做到有章可循。104间商铺为坐商，每逢墟日还有很多小贩趁墟，指定他们只能在广场四周街道摆放，不能进入广场。煤油、石灰、牛、猪、羊等商品不得进入市场内，交易活动必须在墟旁另外择地建铺。如此严密详细的分工和管理，本身就是近代管理制度文化的楷模。据悉，汀江墟建设共集资有104股，计有梅、丘、曹、江、伍、黄、张、刘、温、梁、何、区、李、林、许、谭姓等，其中梅姓认购52股，占50％，是最大股东，故本墟又称"梅家大院"。这无疑又是一种先进集资方式，至今仍有重要借鉴价值。至其欧洲式集市广场布局之形制、气派，至今仍为人赞叹不已。

　　在精神文化层面，侨墟建筑风格、管理制度即反映了侨墟主人人文精神、审美情趣、价值观念。而作为侨墟文化载体的参与者，包括当地居民、外来商贩等，也深受这种文化影响，表现出更多的侨乡人精神风貌。以宗教而言，台

台城镇台山路哥特式基督教堂
（甄永光摄）

山侨墟各类宗教齐全，建国前夕，即有基督教长老会、公理会、浸信会、循道会、安息会、美以美会、友爱浸礼会、聚会处等8个不同宗派教会，有教堂43间，以台城较集中，但也广见于公益、五十、冲蒌、斗山、大江、汀江、上泽、都斛、广海、四九、海宴、端芬、水步等墟镇。现有开放堂点14处，教徒1531人，信徒不少，至今仍保持做礼拜习惯。天主教也不甘后人，嘉庆十一年（1806年）即传入台山。1923年全县已有主堂4间，分堂11间，传道所5处，教徒2899人。现在台山天主教堂见于台城、赤溪、海宴、上川岛等，宗教活动也很活跃。当地人也信仰佛教、道教和各类民间神祇，形成中西宗教信仰和而不同、共生共存局面，显示侨墟文化具有足够包容性。

3. 侨墟文化特点

侨墟文化虽非台山独有，但台山作为中国第一侨乡，具有侨墟文化产生的深厚土壤：众多墟镇、发达的侨乡文化。由此孕育、发展起来的台山侨墟文化，其特点可归结如下。

（1）作为侨墟文化一个承载体，侨墟大部分临水或倚靠交通线选址布局，与台山水网发达，交通畅便的自然、人文环境相适应。故侨墟形态，多沿河、沿交区线呈带状分布，并利用江河、道路之便，设置码头、堆场、前店后仓（库），做活生意。因形就势，发挥地利之长，成为侨墟选址布局一大特点。也由于此，江海水文化成为侨墟文化一个主要特质和风格。这包括江河运输所用船舶、连接江河桥梁、弥补山川气势不足的风水塔、西方宗教、中西结合骑楼建筑群，乃至人们生活方式、衣冠履带、饮食习惯、市井风情、价值观念等，无不中外交融、咸淡水相交等。

（2）侨墟发展的动力，除了当地和邻近地区发达商品经济需求以外，金融资本是一股强大动力。台山多数人以侨汇为生，经营侨汇机构是为银号，具有汇兑、存储、接理华侨银信功能，台山侨汇居广东之冠。除了维持侨眷生活以外，侨汇还用于：第一投资办学。如1902年斗山"浮石学堂"、大江公益"公益学堂"，1905年端芬"成务学堂""蒙养学堂"，1907年都斛"潭州小学"，1908—1910年白沙"绍宪学校"，附城"求是学校"、三八的"龙岗小学"等。据统计，清末民初台山利用侨资兴办小学有86所，中学9所，尤以台山县立中学最为著名，台山一跃成为广东教育强县。而这些学校大部分配置在侨墟。第二兴办医院。华侨热心公益事业，济世救民，在侨墟投资兴建不少医院，计有1889年广海"乐善堂"、1920年获海"宏济医院"、1920年四九"普济医院"、1930年海晏"福民医院"、1932年斗山"太和医院"等，皆造福于民，获得好评。第三发展交通。光绪年间（1875—1908），六村华侨陈天申捐资修筑的30多里长的槎洲——广海大路；白沙华侨马立群修筑白沙至长江墟的"棠政公路"。20世纪30年代，台山兴起建设公路热潮，侨汇起了资金保障作用。受益的主要是各侨墟，特别是1906年动工，1920年全线通车的陈宜禧修筑新宁铁路，总长133公里，沿途经过白沙、水步、冲蒌、大江、四九、五十、三合、大塘、沙坦、水南、公益、斗山等墟镇，促进它们商业繁荣和工业企业出现，改变台山经济结构，使之从农业走向工农业同步发展。第四创办侨刊，推动文化事业发展。侨刊是台山华侨一项首创刊物，清末民国先后达120多种，清末《新宁杂志》每期印5000份，流通海内外，影响甚广。办刊资金主要来于侨汇，侨墟是最大流通地区。第五创办工商业。侨资也用于家乡工商业建设，包括电灯、采煤、机械、印刷、造纸、火柴、肥皂、建筑、百货、娱乐等，除分布在有关侨墟以外，还布局在江门、广州等地，对我国民族工业发展，贡献匪浅。

（3）商业文化是侨墟文化最本质的一个特征，具有吞吐、交流商品的功能。以侨墟为核心，既吸引又辐射它们所到腹地，形成从点到线到面的空间格局，进而带动全县商业发展，故侨墟起到经济增长点和生长极的作用，而起到这种作用的恰是侨墟文化。

（4）侨墟商业载体在很大程度上依托骑楼建筑群。这些建筑群，是侨墟不可或缺组成部分。有赖于它们，侨墟商业活动能比其他墟市更有序、有效地进行，也带来更高经济效益。故这些建筑群是台山侨墟最重要的一个标志，凝聚了侨墟文化的精华，也是有别于其他地区普通墟市的一个本质所在。

总之，台山侨墟文化作为五邑侨乡一个特殊文化类型，具有其产生的深厚的文化土壤，厚重的历史文化积淀，特别是中西文化结合的文化内涵，以骑楼为主体建筑文化景观，以及先进股份制管理模式，临江海选址、布局，充分反

映水文化特质和风格，对促进当地社会经济发展发挥重大作用。时至今日，应
充分发掘、保护和开发利用侨墟文化为当地社会经济发展服务。

五、新宁铁路与台山侨墟

新宁铁路（又名宁阳铁路）是近代中国为数不多的民族资本兴建的铁路。

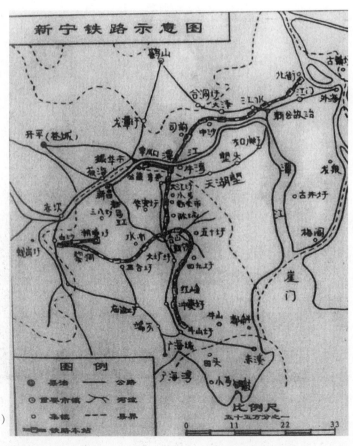

新宁铁路示意图
（阿汤：《台山侨墟导赏》）

这条依靠华侨资本、华侨技术力量兴办及经营的商办铁路对台山及其附近地区的社会经济产生了较大的影响，特别是对其沿线侨墟的产生、发展和繁荣有巨大的推动作用。这一区域空间拓展的模式不仅对当时台山社会发展产生重大推动作用，而且至今仍有重要借鉴意义，在华侨史和中国近代经济史上也占有重要的一席之地。

1. 新宁铁路的修建背景和过程

20世纪初，在台山出现的这条由华侨资本兴办的铁路是有其深刻的社会经济背景的。早在鸦片战争以前，中国东南沿海已有人出洋谋生，19世纪中叶开始，成千上万的破产农民，小手工业者到国外出卖劳动力和充当"猪仔"华

台山斗山陈宜禧故居（陈子艺摄）

台山白沙镇龙安里古希腊列柱式骑楼
（邱真全摄）

工。19世纪下半叶，从台山出洋到美洲、东南亚地区的人数急速增多。据清光绪二年（1876）赴美考察的李圭记载，当时加入美国宁阳会馆（新宁旅美华侨同乡会组织）的华侨有7.5万人，加上未参加宁阳会馆的，台山的旅美华侨人数当在8万以上，约占美国华侨总人数的半数。到清光绪二十六年（1900），台山旅美华侨已达12万人。如果加上当时旅居美洲其他国家和东南亚地区的，台山华侨人数计有20万之众。19世纪后半期，台山侨乡社会逐步形成。如果说台山侨乡社会的发展为新宁铁路的兴建孕育了必要的经济条件，那么，20世纪初国内出现的争回路权运动，则成为催生新宁铁路的助产士。19世纪末，帝国主义列强掀起了一场掠夺中国铁路利权狂潮，但在光绪二十四年（1898）前后数年间，西方列强便取得59项、总长3万多公里的铁路修筑权与借款权。为了抵抗列强掠夺中国利权，从1903年起，全国各地爆发了争回路权的斗争运动。

在这种背景下，同时为促进家乡社会经济发展，广东新宁（今台山）旅美华侨陈宜禧集资建造了新宁铁路。

这条铁路从光绪三十二年（1906）开始动工，到民国九年（1920）全线竣工，历时十余年，全长138.1公里，由斗山，经公益、台城、新会、抵江门北街，前后共分三期工程完成。新宁铁路第一期工程从公益至斗山线，1906年开建，在短短不到三年的时间就顺利竣工。全长61.25公里，共19个车站。第二期工程从公益至北街，1910年动工兴建，1913年完成，全长46公里，共16个车站。第三期工程台城至白沙，1917年动工，1920年完成顺利通车，全长26公里，共11个站。这段铁路的建成对四邑地区陆路交通发挥了很大作用，特别是作为县城和铁路中枢的台城镇发展非常快。斗山则从一个仅有十余户人家的小村落发展为县的一个南部商业和交通中心，对沿线其他侨墟的兴起也提供了强大的驱动力，这容下述。

新宁铁路从1909年开始经营客运和货运业务，以客运为主，货运为辅，因客运量有限，故铁路的经济收益一直处于低迷状态。据相关统计，新宁铁路1911年平均收入仅30多万元，财政相当困难。直至1913年公益至北街段建成投入运营后，客运货运开始大增，铁路年平均收入也有了大幅增长。至20年代，新宁铁路平均每年收入基本稳定在120万元左右。1929—1932年，新宁铁路每年盈利都达到20万~40万左右。但此后受世界经济萧条影响，加之台山、新会的公路交通发展，汽车运输对铁路运输构成了强大的挑战，又因政府和军阀对铁路权力的掠夺和压榨，铁路营业状况日趋恶化，已濒于破产。1938年10月广州沦陷时，新宁铁路被以政府之名拆除。新宁铁路尽管存在时间不长，但它对台山社会产生了深远的影响，特别是对沿线侨墟的产生和繁荣、台山经济轴线的兴起及其辐射效应格局的建立，都有重要历史意义。

2. 新宁铁路带动下侨墟发展

按照区域经济学理论，城市是经济集聚中心，通过它的辐射作用，可带动周边地区发展，故发展区域经济，首先要发展壮大城市。新宁铁路建成，在台山造就了一条巨大的经济轴线，构成点—线—面一体的经济空间格局，它们发挥各自和共同经济辐射作用，带动整个台山的社会经济振兴。

首先台城为全县中心而繁荣，继为斗山和公益两地在几年内一跃而崛起，成为台山南北交通和商业的中心点之一，也是台山三个经济生长极之一，发挥了积极作用和影响。无论在客运还是货运方面，这都有充分表现。

20世纪20年代，新宁铁路全路每年的客运量约为300万人次，货运量约为10万余吨。客运与货运收入的比例是4∶1。新宁铁路运输业务以客运为主，反映了当时台山县侨乡社会的现实。因当地工农业生产比较落后，全县几无工矿企业，可供外销的农副产品很少，也无大宗的原料与产品需铁路运输。但当地的华侨与侨眷很多，过去他们取道江门回乡或外出，通常步行或坐轿，不仅耗时长，且途中安全无保障。铁路通车后，华侨由香港回乡，首抵江门，在北街搭火车，半天即达台山，消除了途中被匪徒抢劫的风险，给华侨和商旅带来了极大的便利。据统计，1932年，新宁铁路全月运输的旅客达25万人次之多，明显地加快了社会成员的流动，活跃了社会风气和人际交往，其社会效益不言而喻。

台山作为一个侨乡社会，资金流动不可或缺，且数额巨大，也是社会发展一个强大动力。据统计，台山每年侨汇收入常达几百万元甚至上千万元，成为强大的购买力。而台山县物产不足，远远不能满足这种需求，须仰求于外县、外省和外国的粮食、副食品、纺织品、日用百货、建筑材料等商货，从水、陆两路运至江门、公益等地，再通过新宁铁路大量运进台山各个墟镇，以满足当地需要。这需要通过侨汇流动才能实现。据有关统计，从1910年至1940年，由新宁铁路输入的货物总值在国币10亿元以上，但输出总值却不及3000万元，输入总值远远大于输出总值。随着大量侨资汇入，侨眷盖新房，建高楼，所用的建筑材料，全部依靠火车的运输。大量外来商品通过新宁铁路不断地输入台山，把台山卷入了世界市场，使以外购内销为特色的台山商业出现了畸形的繁荣。

铁路运营和客货流通势必促成沿线墟镇应运而生。新宁铁路所通过的地方及沿线附近，新墟镇接踵而起，包括白沙、水步、冲蒌、大江、四九、五十、三合、大塘、沙坦等许多墟镇即先后兴起。这些墟镇店铺林立，商业繁盛，茶楼、饭店、旅馆、布匹百货店、杂货店、金铺、钱庄、烟馆、赌窟等一应俱全，形成一个个消费中心。邻近六村车站的沙坦市，在20世纪20年代后期，便有杂货铺17间，礼饼铺4间，猪肉店10间，糖烟店6间，布匹百货铺8间、茶楼、旅馆10间，药材店9间，木料、缸瓦铺7间，医务所8间，金银铺票号11间，水果店5间，理发馆3间、妓院6间、鸦片烟馆14间。台城作为台山县城所在地和新宁铁路的中枢，发展尤为迅速。20世纪20年代初，台城开始拆围墙，修马路，新建大批店铺楼宇，特别是人口增至2万以上，金铺银号多达50余间，茶楼、饭店、旅馆共达300多家。随着新宁铁路的修建，催生了公益、斗山两大墟镇。据1893年修的《新宁县志·建置略》所列新宁全县的村庄、墟镇中尚未出现公益、斗山名称。在1905年新宁铁路兴建之前，位于潭江之滨的公益，还是一片稻田，只有两户农家居住。据《旧金山稽查者报》报道，到1908年，公益已成为拥有2.5万人口的市镇。这个数字可能包括了参加建筑铁路的临时工人。但在几年内，公益确实已迅速发展为拥有数千居民的全县第二大城镇。新宁铁路公司在这里投资20多万元修建了公益铁路分局大楼，机器厂、停车场、电灯厂、码头、长堤、工人宿舍、铁路巡警房等，还购置了大片土地。公益不仅是新宁铁路的后勤基地，而且成为台山对外交通的重要门户。这里有铁路北连新会、江门，南接台城、斗山，沿水路有轮船直达广州、新昌各地。铁路公司的大量投资和交通的发达，使公益商埠日见繁盛，由交通中心一跃成为台山一个重要经济中心，令五邑地区乃至整个珠三角刮目相看。斗山也是伴随新宁铁路的修建而兴起的新墟镇。新宁铁路修建之前，斗山原是一个荒僻的村落，只有十来户人家（当时称为大兴），铁路通车后，不到10年间，便新建50多间店铺。从20年代开始，斗山修筑了太平街、蚧岗埠，新建商店近260间，成为台山南部商业和交通的中心之一。这完全是由于新宁铁路而勃兴的另一个新侨墟镇。其他沿线兴起的侨墟如大江墟、白沙墟，也如公益、斗山墟一样，一改以前社会经济面貌，已成为沿线经济中心，发挥各自效应，兹略。

3. 侨墟对当地社会经济的影响

侨墟因新宁铁路而兴，因铁路而旺，而它们的崛起和辐射作用又扩散到各自腹地发展，即由点到面，这些辐射面相互交叠，连成一片，从而带来整个台山社会经济的进步。在实业和社会发展方面，《宁阳存牍》载："自同治年以来，出洋之人日多，获赀回华，营造屋宇，焕然一新。"时人称"近年藉外洋之资，宣讲堂，育婴堂、赠医院，方便所，义庄诸善举，所在多有"。除了赡养家属之外，有些在海外勤俭致富的台山华侨，亦纷纷投资回国经营商业和一些工矿企业。在台城和各个墟镇由华侨经营并以侨眷为主要顾客的"金山庄"（钱庄）、金银铺、杂货店、布匹百货铺、酒楼饭店、建筑材料店等迅速发展。全县的墟市，道光年间（1821—1850）仅53个，而到宣统年间（1909—1911）便增至72个。19世纪末，台山华侨投资在香港、澳门、广州、江门等地经营的工商业已不下数百家。华侨黄秉常集资40万元在广州开办电灯公司，侨商李佑美等集资三四十万元，在山东开采金矿。据估计，在20世纪初，台山华侨每年汇回之款约达几百万元。其时，新宁铁路公司投资13万元兴建的公益机器厂，拥有二三百名工人，设备先进，技术力量相当雄厚，能维修车头和客、货车辆，1926年还装配过两台小火车头。这类工厂当时在全省来说也是罕见的。新宁铁路开办的印务局，开创了台山现代印刷业的先河。到1926年，台山已有9家印务局。可见，在台山华侨中筹集资本兴办较大型的企业，已具备了经济条件，这又离不开新宁铁路的作用。

台山新宁铁路又带动公路运输业出现，两者互为补充，促进台山区域发展。随着台山侨乡社会的形成与发展，华侨和侨眷回乡与外出的渐多，台山在经济上对外地的需求不断扩大。19世纪时，全县"岁入粮食，仅支半年"，不敷之粮，均靠外地输入，但其境内山岳横亘，河流短浅，交通全依赖道路，故要求改变台山交通闭塞的呼声日益强烈。但直到十九世纪末，台山还没有公路，运载则用手车，行旅则靠肩挑。当时阳江人在台山以肩挑谋生的有数千人。台山华侨对西方先进的铁路、公路和航运交通有切身的体会，他们深感发展现代化的交通运输是促使家乡经济繁荣的重要条件。尤其是那些参加过美国、加拿大铁路修建的人，更有改变家乡交通落后状况的强烈愿望。新宁铁路的修建，带动了台山某些现代化工业的建设，也推动了台山公路、航运交通的发展。1920年台山成立公路局，开始筹划修建公路。到1932年，全县有公路65条，其中长途汽车17条，初步形成了以台城为中心，联结县内各大墟镇的公路网。与此同时，公益至广州，三埠至江门、广州、澳门，这几条航线也相继通航。反过来它们又成为新宁铁路强大的竞争对手，促使新宁铁路和台山公路改善经营和提高服务水平，发挥效益，这无疑有利于区域经济发展和社会进步，侨墟由此获益匪浅。如1924年江门新会公路建成通车，汽车可直开入城内。这影响了新宁铁路的客源和收入，为改变这种状态，新宁铁路公司于1927年增置有轨汽车，来往于江门和新会，同时降低票价，给铁路运输带来压力，不得不降低票价，形成汽车、火车运输竞争局面，受益的应是广大乘客。客流量增加，对活跃侨墟经济，是一种重要推动力。

侨汇增加和新宁铁路、公路、水运发展，加速了台山城镇化过程，侨墟和一般村落也由此进一步发展，推动了台山建筑业的振兴，其作用也是显著的。华侨在海外艰苦劳作，希望回国后办成三件大事：买地、建屋、结婚。早在19世纪后半期，台山华侨已陆续有人汇款同家乡修建华洋合璧的楼房供家属居住。但是在侨乡大批地修建新房，却是20世纪初至抗日战争爆发前这30余年间，即新宁铁路从通车到拆毁的时期，这不是偶然的巧合。这主要是这个时期侨汇较多，另外，其时修建楼房所需用的大量建筑材料，如从香港进口的水泥、钢材，从海外和邻近阳江、阳春等地输入的木材，都可由新宁铁路运输，省时省钱，故这个时期台山的建筑业一片繁荣。据有关资料，白沙侨墟的望楼岗、双龙、塘口、李井、牛路等33个自然村兴建的266座楼房，大都是这个时期建筑的。三合侨墟的20多个华侨新村，其中不少竣工于这个时期。陈宜禧家乡的美塘新村，全村十多幢房都是修建于这个时期。台山县五千座碉楼，也是在民国初年至十五年间建造的，台城和斗山、公益、大江，白沙、沙坦、四九，五十、冲蒌、水南等侨墟，都是在这个时期进行大规模扩建的，所以台山的碉楼数量超过开平，建筑文化景观和风格也不在开平之下，并且很多集中于侨墟，这对提高台山碉楼作为文化遗产价值，也是一个很有利因素。当然，要发挥台山碉楼这方面的优势，仍须倾注很大努力。

4. 新宁铁路对台山社会结构的影响

新宁铁路是一种新的生产方式，不仅作为先进生产力，推动当地新经济形式和技术进步，而且它也催生了新的生产关系，改变了当地原来以自然经济为主的经济格局。

新宁铁路的建成，直接影响到台山的社会阶级结构。新宁铁路的铁路工人（包括新宁铁路属下的机器厂、印刷厂的工人）共达1600人，构成了台山县第一支近代产业大军。这支工人队伍集中在侨墟，和外界的接触频繁，易受国内外先进思潮的影响。他们大多数来自农村，和农民保持着密切的关系，加之他们的经济地位低下，政治上又毫无民主权利，是当时台山社会政治生活中一支最激进的革命力量。1919年11月，公益学生发动的抵制日货运动，便得到新宁铁路工人的大力支持。铁路工人主动援助学生在公益车站搜查和焚烧日货。1921年1月香港海员大罢工，掀起了现代中国第一次工人运动的高潮。新宁铁路工人接获这个消息后，立即举行集会与募捐，大力声援与支持香港海员工人的斗争，仅新宁铁路公益火车头厂工人的捐款便达1000多银圆。1923年"二七"惨案发生后，新宁铁路1000多名职工为了支援京汉铁路工人的正义斗争，抗议吴佩孚屠杀铁路工人的血腥罪行，举行了台山历史上规模最大的罢工，"打倒军阀""工人联合起来"的口号响彻台城。罢工代表到台山县政府请愿，县长被迫表示支持新宁铁路工人的正义行动。1925年省港大罢工爆发后，新宁铁路工人更积极配合罢工委员会派来台山的工人纠察队进驻台山的主要港口，封锁和断绝对香港的交通，一直坚持到1926年10月。1926年，在中国共产党的领导下，铁路职工联合会还发动和团结工人开展缩短工作日和增加工资的合理斗争，迫使公司同意将职工工作日从十小时减为八小时，并增加工资25%。1927年蒋介石发动"四·一二"反革命政变后，新宁铁路广大职工面对严重的白色恐怖的威胁，不顾个人安危，英勇机智地掩护中共广东省委派到台山领导工运的共产党员安全转移，掩护广东铁路工人武装纠察队顺利撤出公益，保存了革命力量。

举凡近世台山发生许多革命运动，新宁铁路工人是一支先锋队和重要力量。他们主要生活在铁路沿线的侨墟，侨墟实际上成了近代台山民主革命的一个基地。由此燃烧起来的革命之火种，沿铁路燎原到沿线广大农村，从而带动了全县革命斗争。从这个意义上说，台山侨墟对台山民主革命斗争和胜利，也功不可没。

综上所述，可见新宁铁路建成和通车，是近代中国历史上一件大事，对江门五邑地区社会经济发展，产生巨大推动作用。其中在这条铁路主要经过地区台山，产生的各种效应最为明显，这在很大程度上又反映在作为地方社会经济活动中心——侨墟的变化上，不但数量增加，而且引起近代产业、商业的振兴，社会结构改变等。此外，侨墟作为一个经济增长点和生长极，借助于新宁铁路，形成经济轴线，发生双向辐射功能，由点到线到面，推动整个台山社会经济发展。新宁铁路后来虽然被拆除，但它的历史作用，并没因此泯灭。在当今新背景下，应充分利用这个历史文化遗产为侨乡社会经济发展服务。

六、台山侨墟历史演变

1. 墟市出现时期

台山立县虽迟，明弘治十一年（1498年）才从新会县划地建新宁县（后改台山县），但在新会县境时，区域开发已达一定程度，社会经济也有相当发展，特别是沿海盛产海盐，墟市应运而生。宋代新会即有海晏、博劳、怀宁、都斛、矬洞、六斗6个盐场，部分在今台山市境，这为墟市形成奠定经济基础。据台山市博物馆叶玉芳，林瑞心等调查，海宴镇横岗圩形成于宋，传为宋末由三个村立墟，每逢五、十为墟期，横岗为台山第一个墟，故俗称"墟嬷"。此后海晏每开一个新墟，都要到横岗圩拜土地神，并取一把土撒在新墟中心，以示落地生根，交易兴旺，此为台山墟市之滥觞。明代，据《永乐大典》卷11907载，海宴场仍为广东最大一个盐场。到明中后期，广东商品经济空前活跃，海上贸易也发达起来。上川岛为南海北部一个航海要冲，中外船舶停靠之港（当地称为花碗坪），进行长达34年海上贸易，直到明嘉靖三十二年（1553年）澳门开埠后才结束。故万历《广东通志·澳门》有云："自是诸澳俱废，濠镜（即澳门）为舶薮矣。"上川岛在早期葡文中曾称"贸易岛"，享有海上丝绸之路重要地位。从上川岛当地称"花碗坪"，想见以陶瓷贸易得名，故海上丝绸之路又有"陶瓷之路"异称。

不过，在自然经济背景下，墟市只为有限商品交流服务。据嘉靖《广东通志》卷25统计，嘉靖年间（1522—1506年），珠三角16个县有墟市175个，而台山仅为8个，居珠三角各县之末。但实际调查，整个明代，台山有墟市12个。它们是台城镇水西墟、水步镇宝兴墟、大江镇渡头墟、宝鸡墟、白沙镇三八墟、石龙墟、潮境墟、深井镇深井墟、那扶墟、广海镇广海墟、斗山镇浮石墟、川岛镇花碗坪等。到雍正乾隆年间（1723—1795年），三角洲墟市数量急剧增长，据雍正《广东通志》统计，已达570个，比明嘉靖增加了2.3倍。而台山相应为22个，比嘉靖增加1.8倍，仍低于珠三角平均增长速度。显见，台山经济仍欠活跃，墟市不多，在封建自然经济下有限度地发展，应是台山墟市出现时期，或曰侨墟的前身。

2. 侨墟雏形时期

鸦片战争以后，五邑出洋成为社会风气，台山尤为领先，很快发展为广东最大一个侨乡。且台山华侨以北美为居地，经济富裕，侨汇丰厚。但囿于传统观念，"衣锦还乡"，"光宗耀祖"仍是他们的信条和目标。光绪《新宁县志》载："近年藉外洋之货……民风转入奢侈，冠婚之费，动数百金。田既硗薄，力复之齐，岁入粮食，仅支半年，余则仰给洋米，倘舟楫偶梗，炊烟立断，是诚可扰。"这样，台山经济、民食几大部分依赖外地，不但侨乡基本形成，而且为了满足商品流动需要，墟市不可或缺，开始出现在广大城乡。这是侨墟形成时期，时间约在清同治至光绪年间（1861—1909年）。这是与整个珠三角墟市同步增长的。据珠三角各县志墟市数量统计，清末到民初，珠三角有墟市999处，其中台山72处，仅次于南海、番禺、顺德墟市数，可谓奇峰突起，雄视一方。这时，侨墟建筑仍以传统骑楼为主，即柱廊式骑楼，楼高2层，砖木结构，以砖砌柱，木作梁，盖板瓦，店铺门脸也为木结构，保留至今端芬镇庙边墟，台城大亨墟即为这类传统骑楼建筑，西方建筑文化尚未成为侨墟主流。

3. 侨墟大发展时期

清光绪末年到1920年前后，这是五邑侨乡大发展时期。侨居国的经济利用第一次世界大战机会获得高度发展，五邑华侨经济相应得到改善，侨汇大量增加，还与这一时期新宁铁路通车，纵贯五邑地区，带来经济兴旺有紧密关系。这一阶段墟市达72个，比前期22个增加了2.3倍，仅新宁铁路沿线即出现新侨墟24个，如公益、斗山、麦巷、大塘等墟镇。实际上，台山现存侨墟，绝大多数是这个时期兴起的，包括台城的水南墟、大亨墟、南坑桥头墟、平岗墟、东坑墟、水步镇冈宁墟、新荣市、公和市、四九镇松朗墟、大塘墟、大江镇大江墟、陈边墟、来安墟、新大江斗江、公益埠、白沙镇冲云墟、里边墟、白沙镇公义墟、岗美墟、长江墟、中东墟、斗山镇的斗山墟、沙坦市、镇口墟、都斛镇都斛墟、赤溪镇赤溪墟、田头墟、深井镇小江墟、三合镇三合墟、那金墟、温和墟、新安墟、联安墟、西华墟、黎洞墟、岚水墟、同安墟、河朗墟、端芬镇大同市、汀江墟、庙边墟、墩寨墟、海口墟、成务墟、海宴镇沙拦墟、那马墟、北陡镇陡门墟、沙头冲墟等，难以一一列举。这时期侨墟，建筑和文化景观焕然一新，尤其新宁铁路沿线墟镇，大兴土木建造骑楼商店，骑楼采用进口水泥、钢铁等新式材料，建筑立面开始渗透西方文化元素，上述各式骑楼也在这个时期出现。骑楼高度通常只有3米左右，显得淳朴厚重。

4. 侨墟提升期

1920年以后，一方面侨汇增加，另一方面台山政府大力推行"改造城市"政策，促使侨墟提升改造，面貌大为改观，有人誉之为"华丽转身"。

1924年孙中山特许台山县试行自治，有了更大主动权和自主权，在县长刘栽甫主政下，1924—1929年，台山开展"城市改造"，拟定《台山物质建设计划书》，对全县31项建设项目作出长远规划部署，对全县13个墟镇推行强制性的改造要求，即由政府统一主持，先作规划，具体由县工务局及市务公所分工负责实施。这13个侨墟是台城镇、西宁市、西门墟、新昌埠、荻海埠（两镇今属开平）、斗山埠、大江市、都斛市、白沙市、公益市、海口埠、端芬埠、三合埠等。各侨墟按统一规划建设的新式骑楼，楼高（即通道净空）提高至5米，比过去骑楼大为宽敞美观，立面更是丰富多彩，中西建筑文化在骑楼上大放异彩。台城、汀江墟即为这一时期侨墟建设的典范。而侨墟的功能、景观也更加齐全，完备，不仅有墟场空间，各类商店，还有华侨服务的银号、典当、客店、赌场等，以及宗族祠堂、庙宇、学校、教堂等，大大拓展墟市规模和功能，反映侨墟日趋成熟，已从最初乡落贸易之所，转变为乡村社区中心，各级乡区经济文化中心，乃至近代城镇。

5. 新中国成立后的曲折发展时期

新中国成立后在计划经济背景下，商品生产萎缩，城乡物资交流主要不是依靠市场，而是自上而下的配拨分配，原有墟市功能削弱，新建墟市仅为个别。

如台山1963年建三合镇横塘墟，1967年建端芬镇隆文墟，为国民经济恢复时期的产物。

改革开放以来，侨乡经济获得迅速发展，市场经济呼唤侨墟新生和启用。据近年调查，台山侨圩已发展到96个，遍布全市各个角落，但主要集中在新中国成立前以侨居美国华侨为主的广海、斗山、都斛一线以北地区，其中以台城、大江、白沙、三合、端芬5镇为多，共54个，占总数56.25%，成为侨墟高度集中的中心区，也是侨墟经济、文化精华所在。

七、侨墟的选址和布局

1. 侨墟选址

著名历史地理学家侯仁之先生说："一个城市一旦适应社会经济发展的要求而开始出现的时候，它就必然具备一个足以满足它的发展要求的固定场所。因此，如果说社会经济的发展乃是城市出现的决定因素，那么，适当的城址就汇、江海一体的珠江河口之滨，白云、越秀二山脚下，尽得地利，故两千多年的城市中心未变，依靠便捷交通，连接海内外，商贸繁荣，千年不衰，兴旺至今。五邑侨墟历史演变也验证墟市选址得当、科学合理，是它们兴旺发达的必要条件。试以台山侨墟为例，即可说明侨乡人民在这方面的聪明才智，独到眼光和规划、设计的技巧，奠定了侨墟不败的坚实的地理基础。

侨墟必须依靠方便水陆交通，才能发挥商品流动功能。台山侨墟，一般临河，或沿新宁铁路、主干公路摆布，与当时台山交通运输和分布格局相适应，以服务于附近村落，又与这些乡落保持不可分割的关系和联系，形成相互响应的区域关系。

台山滨海，境内水系发育，海河相接，形成发达水运网格。明清时期，外地商品经常使用大帆船或火轮输入县内，经长水渡或横水渡，以及畜力运输，转运至各墟市。因此，侨墟选址通常临近河道，依靠水路运输，故大多数墟市建设在码头。据近年实地调查，台山侨墟依托江海而建，现尚有遗迹遗址可考的有台城西宁市、西门墟、水南墟、水西墟、华安墟、圆山墟等，它们以台城河、水南河、水西河为自己的运输生命线。水步镇新荣市、冈宁墟则紧靠水步河和潭江，并以它们为建墟和运作的前提。四九镇五十墟依靠五十河兴起，冲蒌镇冲蒌墟因冲蒌河而建。白沙镇三八墟、冲云墟、里边墟、白沙墟、长江墟、潮境墟分别以三八河、潭江支流和白沙河、长江河、潮境河岸为运输线而立；斗山镇斗山墟、镇口墟以同名河流为依靠而成；都斛镇牛尾山墟则在建立在海边；深井镇深井墟、小江墟、那扶墟全赖深井河和那扶河而兴；三合镇三合墟、那金墟、新安墟、西华墟，也对应于同名河流而生；端芬镇的山底墟依靠大隆洞河，大同市、汀江墟、上洋墟分别以大同河、上泽河为依托；墩寨墟以大同河，海口埠以端芬河、斗山河两河为依托；西廓墟和那泰市都以大同河为水运线；广海镇的广海城、南湾墟，以及汶村镇的横山墟、川岛镇的三洲墟、大新墟、花碗坪、沙堤墟、山背墟、南南墟、略尾墟等皆在海边。此外，依托河流而兴起的还有海宴镇海宴墟（海宴河），北陡镇那琴墟（琴溪河）等。据调查统计，今台山有96个侨墟，分布在海河边的有49个，占51%，分布在新宁铁路沿线的有24个，占25%，其余23个侨墟或临公路，或同时临河流。只有少数侨墟既不靠海，也不靠江，同时避开公路，而依靠传统陆上运输发展起来。这计有台城镇南坑桥头墟、平岗墟、水步镇井岗墟、大江镇来安墟、新大江斗江墟、石桥墟、宝鸡墟，白沙镇公义墟、石龙墟，斗山镇沙坦市、浮石墟，赤溪镇赤溪墟和田头墟，端芬镇庙边墟，成务墟等，共15个，也占总数的16%。台山侨墟选址格局，说明河流和海洋是它们兴起和发展强大的地理基础；同样地，侨墟发展也是以河流流域作为自己的陆向腹地，吸收货流资源，或借助于海向腹地，输入外来商品，通过河流，进入陆向腹地销售。在这个海陆向腹地商货交流过程中，侨墟起到中介或桥梁作用，继对其周边地区产生社会经济效应，促进侨墟所在区域发展。特别重要的还在于，鸦片战争以后，广东已卷入资本主义世界体系，并成为这个体系边缘地区一部分，所以侨墟经济带有鲜明外向型色彩，主要依靠江海发展海洋经济。华侨凭借自己的经济优势，不仅在墟市建设上作出贡献，而且通过海上丝绸之路，带来海外文化，兴起新的产业，改变传统文化风貌。例如著名的汀江墟，选址于端芬镇大同河畔，连通广海湾，为传统海上丝绸之路所经，华侨进出境港口之一。1932年建墟，引进西方城市"集市广场"概念，也是一种建筑形制。中间为专供商贩摆卖商品的广场，俨如一个小方城，梅姓人多，故又称"梅家大院"，为典型骑楼建筑。西式建筑与本地建筑融为一体，充分反映梅家大院建筑文化风格，并由此蜚声海内外，显然与其选址科学合理，充分利用地理区位优势带来效应。

2. 侨墟布局

台山水步侨墟宝兴村民居（黄朔军摄）

布局即侨墟空间结构、功能分区，亦即土地利用格局，反映侨墟规划理念、景观特点和风貌。台山侨墟之所以能超越传统墟市布局，就在于它在这方面有先进之处。

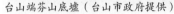
台山端芬山底墟（台山市政府提供）　　　　　　　　台山都斛墟（苏照良摄）

　　据调查，台山侨墟在空间形态上，主要由两大构件组成，一是临时摆卖商品的交易场地；二是线型组合的店铺，两者有机相连，成为侨墟基本形态。上述汀江墟，即为一个典范。在平面布局上，取决于选址地理区位及其环境特点，通常有"回""井""Ｔ""十""一"字形等多种形状，反映西方城市建设文明传入侨乡的结果。

　　"回"字形布局，亦称方形布局，是常见一种布局形态，类似四合院。高耸的骑楼合围中间墟场，形成一骑楼在东南西北四个方向依次围绕中间"集市广场"而成，骑楼商铺均向广场开门，造成规整划一的空间形象和浓厚商业氛围，取得明显的商业集聚效应。同类布局形态还有庙边墟、来安墟、圆山墟、西廓墟、成务墟、陈边墟等。例如圆山墟，也有一个"集市广场"，由四条街道组成骑楼建筑整齐一致，至今仍保持其民国时期原生态风貌，为《羊城暗哨》《风雨西关》《数风流人物》等电影选景场所。

　　"井"字形布局，又称"网格形""棋盘形"布局，为中国城市传统布局形态，强调中轴对称格局。台山大江镇公益墟、端芬镇大同墟等，即为这种布局样板。如潭江南岸公益墟，建于晚清，为仅次于台城县内第二大镇，由9条纵横交错骑楼街组成，呈"井"字形格局，显得十分规整，墟内商铺、学校、教堂布局有序，金铺、银号、药材、照相业尤为发达。得益于新宁铁路，公益墟成为台山对外交通门户。不过时过境迁，其当日繁华已风光不再，但墟场布局骨架依然赫然入目，昭示其辉煌历史。

"T"字形布局。"T"外形像"丁"字形，有"人丁兴旺"之意。这种墟场空间走向，多与河流或交通线垂直相交。在江河、海岸、铁路、公路分布密集的台山，这种布局甚为常见。如冈宁墟、宝兴墟、公和市、西宁市等皆属其列。如水步镇冈宁墟在潭江河畔，有98幢骑楼商铺、一条直街和三条横街组成，呈组团式空间格局。

"十"字形布局。为东西南北走向纵横交错的街道组成，布局紧凑、严谨，联系方便，且节省用地，也较常见。台山南部广海墟，今称广海城，为台山海防重镇，宋代已成聚落，明代为著名"广海卫"所在。大隆洞河在此出海，两半岛夹峙广海湾。广海墟选址于此，深得江海交通之利，两条1.5公里和北南走向和2.5公里东西走向骑楼街，纵横构成。广海墟历史悠久，古代为中外通商口岸，海上丝绸之路停靠点，也是近世华侨出洋口岸，在台山众多侨墟中，可谓是独步古今。

"一"字形布局。这种布局深受地形或交通线制约，多沿江河、海岸线和交通线布局，呈十里长街形态，节省用地，但不便墟市首尾联系。瑞芬镇海口埠、台城镇大亨墟、平岗墟、水步镇水步墟、新荣市等即为这类布局。如海口埠，坐落瑞芬镇大同河和瑞芬河交合处，由102幢骑楼形成一字形街道，沿海岸布局。

叠合形布局。出现在规模较大城镇，街道整体布局呈现组合复杂、全面铺展格局。不管是河流呈东西还是南北方面流经城市，其整体形态以城市规模和用地条件为转移，在无规律网络中重复出现环状、树枝状、风车状布局，且与外围河流、公路、大道等相结合，形成复合叠加形态。最有代表性的是台城南北向的台城河在城西流过，同样走向的街道有革新路、正市街、南门街、健康路、平安街等，而东西走向的街道有通济路、环城南路、草蓢路、县前路、城东路、东方路等，另有一些东北向或西南向街道，如北塘路、南昌路、东华路等，共同构成台城镇街道叠合形布局形态。

此外，尚有一些墟市囿于地形，呈不规划布局。如大江墟由7条骑楼大街组成，有店铺200余家，因紧靠新宁铁路，商业兴盛一时，至今仍充满经济活力，为侨墟文化一个样本。

八、侨墟的现状、保护和利用

1. 侨墟现状

侨墟经百年历史沧桑，像一个世纪老人，已进入迟暮之年，看不到一点生机和活力，委实令人担忧。走遍台山这些墟市，码头残迹尚在，道路芳草萋萋，但不见船的踪影，行人也很稀少。墟落间骑楼也大部分人去楼房，年久失修，外墙斑驳残旧，窗户破烂不堪，任从风吹雨打。许多大门紧闭，楹联褪色，或字迹模糊不清，而周边荒草丛生，瓦砾粪秽遍地，蚊蝇充斥，行人掩鼻而过。虽然也有个别人栖居其中，但他们不是楼主人，而是外来工。这些昔日豪宅大有"旧时王谢堂前燕，飞入寻常百姓家"之概。这些暂居外来工一族，丝毫不知它们往日的辉煌，随意在里面堆放杂物，养狗，生火做饭，弄得凌乱不堪，令人心酸又无奈。

据悉，由于楼主人大都移居国外，无人管理或继承，侨墟任从自然风化或人为糟蹋，甚至破坏。而原来侨墟贸易，随着社会经济变迁，交通路线改变，已变得一蹶不振，一片萧条，甚至无人问津。原来因新宁铁路而兴起的墟镇，随着抗战时这条铁路被拆，现仅剩路基，这些墟镇也相继衰落，失去往日风采。

但是，侨墟到底是一种宝贵的历史文化资源，一个时代的集体记忆，有着重大的社会政治，中外文化交流，华侨经济，侨乡商贸，建筑、社会风尚等意义，它的历史价值是无可置疑的。根据台山市博物馆叶玉芳、林瑞心的《台山侨墟调查报告》，台山侨墟大概可分五种类型。一是原生态活力型，即基本保护原生态和功能，当地居民仍继承"等墟"习惯，从事城乡物资交流。这类侨墟有12个，占台山侨墟总数的12.5%，计有四九镇五十墟、大江镇大江墟、台城来安墟、端芬镇上泽墟等。如上泽墟至今仍保持300米骑楼街，80多座骑楼亮丽典雅、蔚为大观，至今仍继承每旬逢4日、9日等墟习俗，届时人流货流熙熙攘攘，被视为台山侨墟的代表。二是原生态型，即仍保持原来墟市风貌，受破坏程度低，但商贸功能已消失，没有定期等墟习俗，仅作民居使用。这类侨墟有26个，占总量的27.1%，典型的有圆山墟、冈宁墟、陈边墟、大同市、汀江墟（梅家大院）等。如汀江墟，集市广场和周边骑楼保存相当完好，虽不"等墟"，但墟场风采依旧，外来人甚少，当地居民生活其中甚为安闲惬意。今作为旅游景点，仍有很强吸引力，且作为骑楼街景，为各类影视作品摄影场地，也是艺术家、旅行家常履之地。另外，台城河南岸圆山墟，水陆交通便捷，1929年建成4条骑楼街，商贸兴盛一时。虽经近几十年人为破坏，但基本格局尚存，只是大多数骑楼人去楼空，然其骑楼街、沙石路面、古树和整体风貌仍在唤起人们对它昔日的追忆和叹惜。三是变化型，即虽经历史洗礼，但街区骨架依然存在，唯面积大为改变，尤其近年城镇化高潮下，旧城区被改造，新区不断开辟和扩展，不少已成为县或镇政府驻地，各种功能较齐全，设施也完备，已具城市形态。这类侨墟有33个，为数最多，占总数的34.4%。典型的有台城、四九墟等。这类侨墟应为新城镇化一个主要对象和发展方向。四是湮没型，即经历数次社会变迁，墟镇面貌已被彻底破坏，作为侨墟标志的骑楼亦基本不存，作为商贸的功能已消失，退出历史舞台，沦为普通聚落。这类侨墟有13个，占总数的13.5%。上川岛花碗坪，大江镇宝鸡墟，三合镇同安墟，大江镇斗江墟等即为它们代表，今仅存一些零碎历史遗迹遗址，供人凭吊而已。五是其他类型。这类墟市有固定墟场和墟期，至今仍保留其商贸功能；有的在当代人口增加、商品经济发展背景下，形成新的墟市，也设固定墟期，交易颇活跃。如台城板岗墟、水步镇井岗墟、白沙镇里边墟、岗美墟、长江墟、大江镇渡头墟、斗山镇浮石墟、山颈墟、赤溪镇赤溪墟、田头墟、瑞芬镇隆文墟、汶村镇横山墟等，共12个，也占总数的12.5%，同是一笔有价值侨墟资源。

2. 侨墟保护和开发利用

侨墟建筑骑楼、碉楼和其他单体或组合建筑物，集市广场一类墟场，各类商号、店铺、风俗、人物故事，无论物质还是非物质文化遗产，都蕴含着丰富侨乡文化内涵，有重要历史和现实意义。但侨墟的现状又不能令人满意，故如何保护和开发利用侨乡文化资源，与日俱增地摆在人们面前。

侨墟历史价值首在于商，在中外商业贸易中产生的侨墟文化具有重商、务实、崇文重教、兼容并包等文化风格。这种精神特质过去使侨墟造就大量文化产品，遍及各个领域。旅美华侨陈宜禧以中国资本和技术建成我国第二条商办铁路，促进五邑地区经济发展，催生一大批新城镇，如公益埠、圆山墟、汀江墟等，为时人交口称誉，至今仍是推动城镇发展的一种动力和模式，很有历史借鉴价值。侨墟科学规划和布局，近现代管理制度，浓厚商业氛围，凝聚了中西文化交融成果，至今也不过时。侨墟在兴教办学，培育人才，兴办各种公益事业等方面也建树累累，有口皆碑，影响甚为深远。在当今文化成为社会经济发展一个强大软实力，地方感、文化认同等成为时代潮流背景下，侨墟保护是一种必然选择，不可逆转。问题是如何树立正确的文化遗产观念，采取强有力的、可持续发展的措施罢了。

为了有效地做好侨墟文化保护、开发和利用，首先要转变对侨墟的观念。侨墟不是一个过时、陈旧建筑群，而是一份蕴含无限丰富文化内涵的珍宝，通过发掘、整理可研发出系列文化产品，供有关文化产业部门开发利用。这包括侨墟旅游开发，如梅家大院、大同市、西廓墟一里三墟三桥的人文景区，都有很高旅游价值，条件也颇成熟，实际上已纳入相关旅游线路，反应不俗，倘加以提高、完善，效果当可预期。

侨墟许多骑楼、碉楼和园庭建筑、居家摆设、既传统又时尚的生活方式，以及大量历史印记，都反映了侨墟主人所生活的时代的历史存在和历史景观，实可供影视产业开发利用。电影《让子弹飞》使梅家大院声名在外，慕名来游者不绝。实际上侨墟保留了近世各个历史阶段真实的生活画面，提供许多创作素材，经过发掘，认真梳理，当可制作出许多有份量影视产品，满足社会日益增长的对华侨文化产品的需要。

基于目前不少侨墟处于无政府状态，亟易被破坏和失去其原真性，故必须对侨墟立法，赋予其相应法律地位，并以法律为武器，维护侨墟物质和非物质文化资源的安全，杜绝一切可能危及侨墟安全的事件发生。

最后，基于侨墟文化是个新概念，它的内涵、外延、意义和作用尚未为社会广泛认同，这就要必要做好它的基础研究和应用研究，在此基础上，大力宣传、推介侨墟文化产品。只要让群众掌握了侨墟理论和知识，侨墟的安全、深度开发利用是完全可以做到的。

第三楼

客侨排屋楼

一、客侨文化源流和风格

位处东莞市东南隅的凤岗镇，夹在东部惠阳、西部、南部宝安区之间，行政上分属两个地级和副省级市，文化上虽以客家文化为主流，但因邻近广州和香港广府文化区；且凤岗恰如楔子，插入两个政治和文化区，备受它们影响，故从地缘文化而言，已深得两种文化养分和滋润。而自鸦片战争以后，与香港近在咫尺的凤岗，大批人或定居香港或假道香港出洋谋生。这些华侨作为文化载体，通过不同方式，将两方文化带回故乡，与当地文化不断产生碰撞、交流和整合，最终形成以客家文化和侨乡文化为主要成分的客侨文化。其作为一种特殊的文化类型，在珠三角地域文化格局中占有特殊地位，很值得深入探讨。由此得到相关结论，客侨文化不但对丰富珠三角地域文化体系有重要贡献，而且对当地社会文化建设也提供了决策上的重要参考，同为日新月异经济增长，给了文化软实力的强大支持，具有重要的现实意义。

1. 凤岗文化源流

凤岗文化是个多元文化复合体，由来自不同地域文化整合而成，具有多个文化源流。

1）土著南越文化

凤岗作为东莞一部分，最早居民应为土著南越人。南越人有自己固有文化体系，后来演变为广府人一部分，其文化也作为底层文化积淀下来，成为广府文化一个来源。这包括在多个方面，如部分人讲粤语（白语、广州话），嗜食水产，包括鱼类、贝类，以及蛇、虫、鼠等，善于用舟，种植水稻，尚鬼敬神，流行二次葬，以及古越语（类今壮语）地名，常用沥、洞、埔和鸟图腾，崇拜"鹤"为地名起首等。如凤岗有"塘沥""黄洞""油甘埔""鹤凫渚"等，皆为古越语地名遗存。

2）中原汉文化

秦汉以来，中原人分多次南迁，遍及广东各地，凤岗也是他们分布地区之一。据任焕林主编的《凤岗历史博物馆》提供的材料，该镇雁田村邓氏先祖，唐宪宗元和元年（806年）从河南南阳迁江西吉水，后经南雄珠玑巷抵东莞。据统计，现全镇共有206个姓，比据所记经南雄珠玑巷入岭156个姓还要多，显示该镇居民来源甚为广泛，其中相当一部分来于中原，这是毫无疑问的。这些移民，带来中原汉文化，在当地移植发展，凤岗后来学校不少。如清道光年间（1821—1850年）凤岗人在省城广州办"庆菇书室"，专供赴省城应试学子攻书、食宿使用。清代，凤岗有进士1人，文武举人各1人，文武秀才25人。清嘉庆年间（1796—1820年），"广东第一才子"宋湘成名前曾在凤岗开馆授徒多年，兴一代诗风，并将其讲学之所名为"纂香书室"。自后，凤岗文化大兴，文人雅士接踵而起，而酬唱之所曰"兴贤文社"。其遗风余烈，影响至今，这都是中原汉文化在当地留下的斑斑史迹。

东莞凤岗纂香书室（凤岗镇政府提供）

3）客家文化

客家文化是中原文化与南方文化结合的产物，其源头虽在中原，但进入岭南山区以后，已产生变异，形成为一个独立的地域文化类型，宋元以后主要分布在粤东北兴梅地区、东江地区和北江地区。明清时期，随着人口、资源和环境矛盾加剧，部分客家向外迁徙，凤岗客家人也大抵在这时入居，并发展为当地居民主体。客家文化也逐渐成为凤岗文化主流。如当地广泛使用客家话，建造客家围屋（如天堂围旧围），围内民居按客家屋式布局和摆设，客家妇女穿戴特有服饰，在社会分工中承担大田作业和繁重家务劳动，以及当地一系列客家风俗等，都显示客家文化在凤岗占有最重要文化空间，也是最触目一道文化风景线。

4）华侨文化

凤岗水陆交通方便，早在清嘉庆年间（1796—1820年）就有不少人陆续出洋谋生。鸦片战争后，凤岗凭借毗邻香港的地缘优势，更多人作为"契约华工"（俗称"卖猪仔"）迁移海外，遍布世界36个国家和地区，至今约达3.2万人，在港澳的人口也不在少数，凤岗由此成为东莞一个著名侨乡。华侨通过各种渠道，把海外文化在家乡传播，是为华侨文化（一说为侨乡文化）。华侨在当地捐资办学，建碉楼和各种公益慈善事业，留下一座又一座丰碑。如据近年发现《黄洞迴龙庵石碑》，为光绪年间（1875—1908年）重修，上记海内外捐资者达683人。另当地还建有《义建崇烈堂碑》《遗爱堂春祀碑》《遗爱堂崇祀碑》等，上有凤岗华侨华人捐款者姓名，连同当地捐资者多达7000多人，遍布亚洲、美洲各国，堪为凤岗华侨文化的一个缩影。近年，华侨回凤岗兴办各种实业，传递信息，引进外资、人才的事例更多。这使当地华侨文化内涵更加丰富多彩，地位也越来越重要。

5）广府文化

广府文化是岭南文化最主要一个部分，以珠三角和西江地区为主要分布区。东莞全境都可归入广府文化区范围。凤岗虽其文化个性以客家文化为主流，但也不能脱离广府文化分布总体格局，因凤岗客家文化应是广府文化区中一个文化板块。在广府文化不断浸染下，其文化内涵也发生改变，广府文化许多要素被吸纳、融合进来，同样成为凤岗文化一个组成部分。如当地既讲客家话，也通用广州话；饮食中既突出客家菜风味，也不乏广府招牌菜。上述土著南越文化的许多特质和风格，后来都融合到广府文化中，从这个意义上说，广府文化仍是凤岗文化一个不可或缺组成要素。

6）香港文化

从一般意义上说，香港是广府文化覆盖地区，但在特殊历史背景下，香港文化又有自己个性，如海洋文化特别发达，融入很多西方文化成分，法治完善，香港人价值观、人生观、道德观、生活方式等与内地有明显不同等，故香港文化作为广府文化一个子系统存在是不争事实。凤岗不但有不少人在港定居，通过各种往来带入香港文化，而且近年在凤岗买屋留居的香港人也日渐增多，他们几乎自成社区，实际上成为香港文化在凤岗的文化小板块或文化岛，以香港文化固有文化特质、形象和风格，卓然屹立在凤岗文化版图上，为凤岗文化增添异彩。

7）新客家文化

这是有别于传统客家文化的一个新概念，指改革开放以来进入广东的外省打工一族，他们成为广东新居民，被称为"新客家"。他们来自全国各地，包括湖南、四川、广西、江西、福建、贵州、云南、海南、湖北等省区。作为文化载体，带来不同地域文化，但难以形成共同文化，故文化个性差异很大，使当地文化内涵和景观更加丰富多彩。据统计，在凤岗这个新客家群体约有40万人，是当地常住人口的20倍。因为有这个"新客家"文化的参与，凤岗文化变得更加多元和绚丽。

2. 凤岗文化新类型——客侨文化形成

不同地域文化共处同一空间，必然会发生文化碰撞、交流和整合，结果一方面使各个文化产生不同程度蜕变，另一方面又有可能产生新的文化类型。这是地域文化演变过程中常有的文化现象，如上述中原文化，以及吴越文化、荆楚文化、巴蜀文化、海外文化等与岭南土著文化交流融合，形成岭南文化，更具体一点应为广府文化。在凤岗，以上七种文化经过历史与现实的交流、积淀、融合，最终形成以客家文化和华侨文化有机结合为特征的地域文化类型——客侨文化。这是基于以下依据。

（1）从人口作为文化载体言之，客家人占凤岗人口的多数，在他们身上体现了客家文化风貌。凤岗有数量众多华侨华人，他们主要是客家人的后裔，由此形成凤岗华侨文化，实际是客家文化的一种变异，即在客家文化基础上，吸纳更多海外文化基因，两者有着不可分割的联系，也是由族缘关系而结出的新文化之果。

（2）从文化空间占用言之，客家文化在凤岗到处触目可见，包括物质、制

中西合璧的东莞凤岗排屋楼（凤岗镇政府提供）

度和精神文化，都占有自己的空间。如客家民居、客家器艺、客家人宗族议事赖以开展的中厅，以及风俗活动的不同场所等，举凡进入人们文化视觉内的各种有形或无形事象，都离不开文化空间存在的方式，亦即文化空间占用。而华侨文化也一样如此，如凤岗众多碉楼，广见于全镇各个村寨，占有村寨最有利于防卫地形，布局在最佳位置上，显见这是民居建筑与防卫建筑相互依存、结合的空间形式，以利于有效地发挥各自功能，从而达到两种文化无缝的对接，空间的统一。

（3）从建筑文化景观而言，凤岗特有的排屋楼，堪为客家文化与华侨文化的珠联璧合，有力地支持了凤岗客侨文化的定位。按当地民居为梳式布局。全村建筑大致排列成行，整然有序，呈浓重客家建筑色彩。而屹立于排屋四周的碉楼，与开平碉楼功能相似，无论造型、立面都有海外建筑文化风格，被视为华侨文化在建筑上的反映。另外，排屋与碉楼内在连通，因而有"排屋楼"之称，被认为是"客侨文化"的典型建筑，为广东所独有，也折射了凤岗建筑文化景观的多彩多姿。

（4）从当代当地文化与外来文化关系言之，当地客家人与外来"新客家"，都能在凤岗和而不同、友好相处、共生共存共荣，绝少因文化背景、观念差异而发生群体性事件。如当地客家人按照自己传统节日，举行各种风俗活动，而"新客家"又有自己文化生活方式和节日，也过得很开心怡悦。新老客家和睦相处，既各显异彩，又相互结合和交融. 正渐渐形成一种新型客侨文化，较之原有的客侨文化，有了更多时代色彩和新的内涵，表明凤岗客侨文化也是一个时代范畴，随时代变迁而不断进步。

这样一来，无论从凤岗文化历史进程还是文化景观的纵横结合上，凤岗文化都有许多独到创新之处，命名为"客侨文化"是有充分科学依据，因而在广东地域文化之林中占有重要一席之地，也是无可置疑的。

3. 凤岗客侨文化的风格

从上述凤岗文化流源及其客侨文化类型出发，加上与周边地域文化相比较，可以将凤岗客侨文化风格归纳如下：

（1）鲜明文化多元性。以上关于凤岗文化所列举7种来源，都各有自己个性，彼此之间共存于同一文化空间，构成一种新文化类型，即客侨文化。这一崭新文化概念，即由多种文化融合而成，并在这个文化概念覆盖之下找到自己位置，按照自己方式存在和发展。这是文化多元性最重要一个内涵和表现形式。

（2）宽广文化包容性。凤岗地域虽然不大，但多种文化能和而不同地共存于一地，渊源于其文化的包容性风格。例如客家文化和广府文化，因文化特质的差异，过去时有族群矛盾，甚至械斗发生，清咸丰年间（1851—1861年）广东南路土客械斗，长达十多年，死伤十多万人，不亚于一场内战。即使现在，类似的族群摩擦也仍然存在，说明文化差异已成为社会矛盾一个根源。但作为凤岗两个主要族群的客家系和广府系，依然保持良好关系，各安生业，平等友好相处，未闻有不愉快事情发生。特别在近年，大量外来工聚集在东莞，凤岗也是其中一个中心。这些新客家和当地居民，"新客家"与"旧客家"之间，和谐共处，是他们相互关系的主流，未发生重大群体性冲突。这其中一个深层根源，在于凤岗有良好社会风尚，深厚文化积淀，营造了崇尚人伦教化、以和为贵人文环境，故能在文化上相互包容，互不伤害，平行不悖地存在和发展，彰显凤岗文化宽广包容性风格。

（3）与时俱进的文化创新性。一种文化的生命力在于按照时代发展要求，不停顿地革新、充实、完善自己，使之立于不败之地，这就需要与时俱进地进行文化创新。凤岗因地缘关系，历史上深受香港文化影响，从中吸收许多先进文化成分，滋润自己。大量华侨在海外，带进异国文化，经过筛选，融为当地文化一重要组分。特别近年，凝聚了现代科技文化成果的许多高新技术产业在凤岗扎根生长，一个拥有先进思想文化的人才群体也在这里安家落户。这些文化要素经过整合，促进了文化的创新。过去留下的"排屋楼"是一种建筑文化创新，现在将客家文化与华侨文化融合成"客侨文化"也是一种文化创新；凤岗出了个象棋大师杨官璘，当地人不但引以为荣，而且以此为文化资源，多次举办"杨官璘杯"全国象棋邀请赛，刮起象棋旋风，蜚声海内外，造就了凤岗特有的文化氛围。这也是一种文化创新。石马河流经凤岗，自然生态优越，当地镇政府以敏锐目光和长远视野，规划建设"一河两岸"绿化风景走廊，并以其为核心，建没生态文化园，满足运动、娱乐、生态农业休闲、自然生态保护、爱情主题景区等多功能观光休闲文化区，并不作其他产业发展用地，这在土地资源利用布局上也是一种文化创新。

（4）不断适应环境的灵活性。客家人原居山区，后转徙各地。凤岗客家人则从原居地迁到沿海，他们很快适应新环境，改变原有生产和生活方式。特别是凤岗所在地区，商品经济发达，与香港联系紧密。鸦片战争后，不少人远涉重洋，到海外谋生，凤岗村村筑起碉楼，以策安全。这些建筑，今已成为宝贵历史文化遗产。改革开放以来，珠三角经济崛起，商品经济大潮席卷东莞大地。凤岗人抓住机遇利用临港优势，迅速洗脚上田，引进资金、技术、人才，建立以来料加工为主劳动密集型产业，很快告别贫困，走上富裕之路。近年，随着新技术革命到来，凤岗人跟上时代潮流，调整产业结构，建立起高新技术产业，积极推进农村城镇化，建设各种基础设施和服务设施，大力发展教育事业，保护生态环境，千方百计提高人的生活质量，完全改变了传统的凤岗社会经济面貌，现在正向建设高度社会主义物质文明和精神文明的新凤岗道路迈进。这些历史的和现实的变化，除了改革开放大背景，当地人长期形成的灵活性、变通性文化风格无疑起了重大作用。反观省内一些客家地区，至今仍属扶贫对象，社会经济变化甚为缓慢，其中一个原因是当地人固守传统文化观念，思想僵化，坐等政府救济，不思变革所致。

（5）高度爱国爱家思想。一种地域文化精神，不仅产生、植根、服务于当地，而且要超越狭隘地域观念，为地域更广、群体更大的人类提供文化精神支柱，这种地域文化有可能变为更高尚的人类文化财富，自己的文化品格也由此得到提升。凤岗文化即享有这种盛誉。1898年，凤岗、雁田人民为反对英国强迫清政府签订《展拓香港界址专条》，开展英勇抗英斗争，后被朝廷授予"义乡"荣誉称号。抗日战争时期，凤岗人民和东江纵队一起抗击日寇，保卫家乡，用鲜血和生命捍卫民族尊严，其英勇抗敌事迹载入抗日史册。从文化层面而言，这些斗争本身既为凤岗人民长期受爱国主义思想熏陶而形成一种地域人文精神，在特定条件下即可能化为更大的物质和精神力量，做出抗英抗日这样惊天地、泣鬼神的爱国主义壮举。归根结底，这是凤岗人文精神升华所产生的巨大力量。

作为广东地域文化一个单元，东莞凤岗虽然版图狭小，但历史形成的地域文化却丰富多彩，在不同文化交流融合中产生的客侨文化是它的主流，又是一种新的文化类型，非常值得重视和进一步研究。在客侨文化基础上，凤岗文化具有多元、包容、创新、灵活的文化风格和爱国爱家思想情怀。它们一起构成凤岗人文精神，无论过去还是现在，都有力地支持了当地社会经济发展，特别是在今天，更应作为一笔宝贵精神财富，科学合理地开发利用，为建设具有中国特色社会主义新凤岗服务。

二、客侨文化历史演变

顾名思义客侨文化乃客家文化和华侨文化融合而成，即先有客家文化，继有华侨文化，最后两种文化交流、碰撞、融合、最终形成客侨文化。这一过程，应发轫于客家人南迁，逐渐成为凤岗当地居民的主体，形成客家文化。继及鸦片战争以后，凤岗不少人出洋成为华侨，侨乡文化产生，两者整合，即客侨文化由来。

1. 秦汉以来中原迁民入居

秦汉以来，中原人多次南迁，到唐代，广府族群基本形成，凤岗应属广府文化范围。据任焕林主编《凤岗历史博物馆》载，雁田村邓氏先祖于唐宪宗元和元年（806年）从河南南阳迁入江西吉水，北宋太祖开宝元年（968年）迁入广东，后辗转迁居雁田。这是可找到族源和迁居到凤岗的最早中原居民的来源。

凤岗濒海，既有舟楫渔盐之利，又有丘陵平原，利于农耕，故适于广府人，更适于客家人开发定居。自宋代开始，客家人从不同方向进入凤岗。据《凤岗历史博物馆》材料，油甘埔村刘氏宋朝经南雄珠玑巷迁东莞城西栅口，后迁雁田长表。天堂围村翟氏，先祖于宋末靖康之变逃难至莞城栅口，后迁天堂图。同村谢氏先祖居河南唐河县，南宋高宗建炎元年（1127年）经珠玑巷迁东莞谢岗，明迁天堂围。

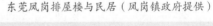

东莞凤岗排屋楼与民居（凤岗镇政府提供）

2. 明清客家人大量迁入

据曾昭璇《宋代珠玑巷迁民与珠江三角洲农业发展》一书统计，宋代有78个姓氏辗转迁入东莞各地，其中有一部分迁入凤岗。更多的外地居民是明清时期从岭外或广东各地迁来的，这部分人是客家人主体。据《凤岗历史博物馆》收集资料显示，明朝或明末清初从省内宝安、兴宁、长乐（五华）、蕉岭、归善（惠阳）、福建上杭等迁入凤岗的有刘、邓、郑、何、谢、罗、刘、连、卓、黄、廖等11姓，从明永乐到崇祯各朝均有。迁入地有雁田、凤岗、田心、碧湖、官井头、凤德岭等，以凤岗为主。从迁入地观察，主要是客家地区，带来客家文化当无可置疑。清代，随着客家地区人地关系紧张，人口压力不堪重负，这逼迫客家人掀起新一轮外迁高潮，也有一部分迁入凤岗。据上述资料可知，清代迁入凤岗有32姓，从顺治到光绪各朝都有，但以清初为主，计有张、蔡、邹、魏、江、吕、何、沈、杨、江、曾、黄、李、刘、钟、赖、邱、郑、洪、钟、彭、阮、廖、王姓等。迁出地有长乐、揭阳、归善（惠阳）、海丰、陆丰、兴宁、宝安、潮汕、上杭、程乡（梅县）、南雄等，以客家地为主体。迁入地计有竹塘、凤岗、油甘埔、塘坜、虾公潭村、黄洞、浸校塘、官井头、洋稠尾、塘厦（竹尾田）、左黄围、凤德岭、塘坜洞、竹尾田等。这些以谋生而不是避乱为目的客家移民，很快发展为当地居民主体，把凤岗纳入客家文化地盘。

明清在人少地多地方实行屯田，故凤岗也有一部分居民为军

东莞官井头官友楼（凤岗镇政府提供）

屯后裔。据《凤岗历史博物馆》载，乾隆四十年（1775年）《义建崇烈堂碑》记，顺治年间（1644—1661年），凤岗地区已在卫主的带领下，招募流人进行垦荒。碑记曰："我土离前黄三屯，原附南海卫军属，自国朝定鼎之初，世路险波，前民逃散，田庐半就荒矣。顺治九年（1652年）卫主肖君疏呈招耕，我辈先人蒙霜露，披荆棘，筑居而畈厥田焉。越十年人情翻复，而卫主力与维持，又得屯长一十三人共相奔理。十一年（1654年）而条议以定版册。"到乾隆时，屯田地区已经呈现一片富足景象："里居数百家，烟火相连，禾麻互映，游太平之宇耕。"为感谢肖卫主功德，当地人建"崇烈堂"，以资纪念，上刻捐资牌的姓名有40多人，有不少是客家祖先。

人是文化载体，客家人抵达，一方面带来客家文化，另一方面在当地休养生息，从事耕读，发扬、发展客家文化传统，牢牢地巩固客家文化在凤岗的主体地位，使之成为当地文化本质所在。农耕是客家文化的基础，上述《义建崇烈堂碑》所展现一片农耕社会盛世景象，即为客家农业文化写照。另一方面，客家文化最大一个特征是崇文重教，读书求出路成为一种社会风气。乾隆十五年（1751年），凤岗45个姓氏500多人集资在迥龙庵左侧建立文庙，并树立《文庙碑》，以示重教风气。乾隆五十一年（1786年）上村张氏家族出资建立纂香书室，专供族中子弟读书。嘉庆十五年（1810年）凤岗人建"兴贤文社"，为客家文人学者提供一个学习、交流场所，促进当地学风形成和传播。道光十五

东莞凤岗兴贤文社遗址（凤岗镇政府提供）

年（1835年）凤岗人又出资参建在广州"庆茹书室"，以方便凤岗子弟前往广州参加科举考试，为他们解决食宿提供条件。光绪十一年（1885年），凤岗32条自然村以村名义捐款，在东莞县城建立"连茹书室"，并立碑为记。这一连串事实，说明凤岗客家人秉承尊师重教传统，凡所到之处，都以兴教办学，教育人才，服务桑梓和社会为上。民国初年，凤岗各村先后兴办私塾、书室57间，读书蔚为社会风气，无不彰显客家文化在凤岗的特质和风格。

3. 战后华侨出洋与华侨文化形成

客家人在向凤岗迁移之同时，也向海外发展。这主要发生在鸦片战争以后，国门被打开，邻近香港的凤岗，出洋更成为社会风气，也开启了华侨文化形成的历史。据凤岗历史博物馆馆藏油甘埔村《张氏族谱》记载："鸦片战争前后，我有志之士，首创出洋谋生之风气。此路一通，接踵而去者，络绎不绝。近如马来西亚、婆罗洲、安南、缅甸、暹罗、爪哇、吕宋一带；远达南北美洲、檀香山及澳洲、大溪地等地，由是社会经济得侨汇之冲场及支持得以丰裕，我族如旭日之东升。"咸丰、同治年间，不少客家人为避土客械斗而纷纷出走，另谋生计。同族谱写道："我族外出谋生者更众，闾阎十室之内，多至十名八名华侨。当时尤以马来亚大霹雳埠之黄泥山开采矿务最盛。"凤岗张氏家族有位张君华，在当地颇有势力，人缘关系也很好。"于是引至吾族及邻近人士几倾巢前往，从此频往频返，各有所获。故吾族百数十年前之屋宇，如新围仔、油榨坪及其他等处。多由此得资兴建。接着又远赴中南美洲之兄弟，增添雄厚价汇来源，社会经济日臻充裕，生活得以改善，气象为之一新。对于公私建设及兴学不遗余力，如塘沥墟端风书院，远在前清咸丰年间所设，我族曾致于大力焉。"类似的事例当然不少。据《凤岗历史博物馆》提供资料，现在凤岗华侨华人旅居世界36个国家和地区，如美国、加拿大、英国、荷兰、法国、丹麦、瑞典、比利时、巴西、圭亚那、巴拿马、墨西哥、智利、澳大利亚、马来西亚、新加坡、印度尼西亚、泰国、菲律宾、越南、柬埔寨、缅甸，以及中国的台湾、香港、澳门等，共31610人。如果按一个华侨华人可直接或间接与4个人有各种关系或联系的比例计算，则凤岗约有12.5万人与海外港澳台有关。2010年凤岗常住人口约2.4万人，约为与凤岗有关系人的1/5，即有4个"海外凤岗"，还有1个在东莞。从这个比较可见，华侨文化在凤岗占有非常重要的地位。

4. 近世客侨文化产生

明清以来大量客家人入居，客家文化成为凤岗文化主体；战后不少人出洋，形成华侨文化，这两者在凤岗融合，产生客侨文化。如前所述，客侨文化在当地人口所占的份额、文化空间的占用，以排屋楼为代表的建筑文化景观，近年"新客家"群体的出现，都强化了客家文化色彩。这说明，客侨文化发展到当代，已丰富、充实了许多新内容，紧跟了时代文化前进步伐，已发展为一种时代先进文化类型。这已见上述，此略。

三、凤岗排屋楼

凤岗排屋楼作为一种建筑组合形式，由客家围屋和碉楼组成，各有特定建筑形态、立面、外观、功能和布局，产生时代也不一样，但它们在清末民初组合成独具一格的排屋楼，则两种建筑类型、风格已有机地联成一体，由此产生排屋楼兼具两种建筑之长，成为岭南最具特色的建筑之一，卓然屹立东莞大地，可谓独一无二，具有重要的建筑和文化交流意义：

1. 客家围屋

明清迁居凤岗的客家人，他们从原居地传入的是围屋。这种围屋既保留客家围屋的传统格局，又不拘泥于客家围屋的式样，因地制宜，吸收东莞地区广府建筑开放式空间的优点，注重人与自然的协调、和谐，人与人之间的沟通，较其他地区客家围屋有所创新和突破。如果说梅江、东江传统客家围屋平面图

东莞凤德岭红光楼（凤岗镇政府提供）

东莞凤德岭天后楼（凤岗镇政府提供）

形是一个大圆圈，中间是一条十几米宽的大灰场，其两个圆，一个是屋舍，一个是池塘，屋舍后面是竹、树林包围；而池塘前面则是菜地，故称围龙屋。围龙屋大小不一，有一围，也有数围，可住数十户、百多户，甚至数百户。屋内布局"三堂四廊，九井十八厅，进深三座高堂，以天井和屏风墙隔开；横向是四排住户和过厅，错落有致，后面由一排排半圆形的房围围成"天井"，俗称"花头"。屋内有数十个、上百个房间，可供几代人数十户、上百户居住。在这种村落里，人们生活在有限空间内，鸡犬相闻，日出而作，日落而息，祖祖辈辈，厮守于此，与自然随和，也有安全感。这就是传统围屋。但在凤岗，客家排屋是经过改造的；它吸收广府民居梳式布局特点，一般呈一个非字形。如油甘埔江屋民居，始建于18世纪，坐北朝南。占地约6000平方米，建筑面积5120平方米。中间直线巷道宽3～4米，长约100米，分隔东西两边，前后屋有条近2米的小巷分隔。全村屋前后共建8-9幢房屋，即东边64间，西边94间，其中有占地约800平方米的华庆书室。每间房占地面积为32（4×8）平方米，每户至少2间，多则4～5间，共计158间。整个江屋有3条北南走向的直线

东莞凤德岭广生楼（凤岗镇政府提供）　　　　东莞凤德岭文郁楼（凤岗镇政府提供）

主巷道，有15条东西走向的直线小巷分隔屋前后。每天太阳初升，直照每条小巷，以示"紫气东来"，深得阳光普照，带来好运气。这种布局，反映儒家尊礼有序方阵式空间结构，是客家建筑文化一个重要指征。

这样的排屋在凤岗不乏其例。如官井头小布排屋，依照辈分次序摆布，以始祖建造的房屋为中心，顺序向左右两边伸展，后辈村民按此规则向后有序建房，形成一个"非"字格局。即房屋向两边排开，坐东向西南，共两列七排。排与列之间的巷道2米宽，排屋总长和宽都是100米，形成一个正方形，面积达1万平方米。每家住户居室分三进，整体呈"目"字形。第一进为厨房和卫生间，分列大门两边，第二进是大厅，第三进是主人房，上面还设小阁楼，主要用于蓄物。这种布局，整齐划一，规范严谨，体现等级分明，长幼有序，又和谐共处、平安发展的理念。

再如黄洞田心村新围场排屋也颇具特色。这些民居由村中曾氏华侨1919年回乡兴建，占地约8400平方米，建筑面积约5000平方米，建有12排80间房屋，另附杂物柴房5排25间。建筑平面整然有序，规格统一。空间结构是前为门厅，后为主屋，门厅有一小天井，称"四水归堂"，寓意为"聚水生财"，符合风水说关于聚水格局，以及水就是财富的理念。而大门楣上施吉祥如意含义的壁画、浮雕，充满诗情画意。这条排屋村落坐北向南，依山傍水，前为风水塘，可放养家鱼，中为空旷的禾坪，四周绿树环抱，具优美生态环境，非常宜居宜创业，充分体现客家人山居意识和宗法社会结构。

在凤岗排屋碎部，也体现丰富文化内涵和艺术特色。一般在围屋朝厅堂开设的原门绦环板上，均雕刻人物故事，如三顾草庐或花卉瑞兽，如狮子、麒麟，风格接近徽雕。天井两侧的厢房，则设6扇或8扇格扇门。窗户多为各种拐子纹与雕花相结合使用。厅堂内柱子不多，分为木质或石质柱子。石质柱子通常四面都有对联，且有雕饰，形式多样。此外，围屋内用卵石拼铺的室外铺地花样，以及悬挑的走马楼也颇有艺术特色。例如凤岗油甘埔江屋村房屋内部都装饰许多山水、诗词、花鸟画以及书法；正门和屋顶装饰了浮雕和花纹图案，集中国画、书法、浮雕于一体，全村俨然成了一个大型艺术长廊。外门是书写横额也颇有文化品位，如"福缘善庆""积善余庆""兰桂腾芳"等。而天堂围旧围正门，则书"瑞气凝光"、"康而寿"字样，画上"桃花蔓枝""鲤鱼嬉水"等图案，反映人们丰富想象力和美好感情，以及环境美、气势美、装饰美、中西合一、天地人和谐共处的艺术风彩和深刻哲理。

2. 碉楼兴起

碉楼也称炮楼，实为一体。凤岗炮楼如同开平、台山等地碉楼一样，兴起于清末民初。这一时期，社会不宁，匪患频仍，华侨成为主要绑架勒索对象。炮楼起防御作用，华侨纷纷汇款回来，修建炮楼。据《凤岗历史博物馆》一书资料，凤岗最早炮楼建于清光绪二十四年（1898年），称"忠义堂碉楼"，在天堂围炸房，楼高5层，约15米。另据《东莞市第三次全国文物普查成果图册·凤岗篇》载，与"忠义堂碉楼"同年修建的还有一座"玉树堂楼"，也是5层，高15.5米，也在天堂围炸房，由谢姓人集资兴建，属众楼。有人质疑这两座楼可能实为一座楼，起不同名称，即一楼两名，待考。而上述普查成果又记凤岗三联村排沙有座"翠林堂碉楼"，建于清道光五十（1825年），为华侨帮助私塾"斯伦学校"加强防御而建，作为学校防卫使用。由此可见，凤岗碉楼最早应在以楼为嚆矢，即清中后期，距今190年，比起开平最早迓龙楼建于明嘉靖年间（1522—1566年）要晚250多年。但不管怎样，凤岗碉楼毕竟是珠江三角洲碉楼中出类拔萃的一群。

东莞官井头俊茂楼（凤岗镇政府
提供）

东莞凤岗永和汉彰楼（凤岗镇政
府提供摄）

　　据悉，凤岗镇面积仅82.5平方公里，新中国成立前有碉楼160多座，经自然风化和人为拆毁等原因，现仅存120多座，分布于凤岗各村落，比较均匀。计雁

东莞凤岗五联锦泰楼
（凤岗镇政府提供）

东莞凤岗竹尾田九华楼
（凤岗镇政府提供）

田村1座，油甘埔村19座，官井头村8座，凤德岭村10府，塘沥村14座，黄洞村15座，三联村16座，五联村6座，竹塘村17座，天堂围村10座，竹尾田村3座，凤岗居委即镇区府所在地1座，合镇总120座，平均每村1.45座。它们仿如龙头，耸立在村头，数量之多，其密度之高，为东莞各镇之冠，也是凤岗建筑文化一大亮点。

五邑碉楼，大部分用钢筋混凝土建造，而凤岗碉楼，仅黄洞村的观合楼是这种材料结构，其余碉楼均用三合土（即砂、石灰、黄泥、加黄糖、桔水等混合搅拌而成）夯就。类型非常单调，但都很坚固，这显然与凤岗盛产这些材料，就地取材有关。这些碉楼，据廖晋雄《东莞凤岗排屋楼特色浅识》一文资料记载，其高通常在11～24米间，少数低矮的也有9米高。有代表性的三联鹤凫渚庆楼高6层18米，塘沥黄才楼也高6层18米，竹塘红花园碉楼高6层18米，油甘埔绍锦楼高7层21米，三联洋稠尾钟煲碉楼高7层21米，凤佳岭红星楼高7层23米，黄洞观合楼高8层24米，竹塘仁芳楼高11层24米。这些高度，比闽、赣、粤东、粤北碉楼高得多，与开平碉楼高度也在伯仲之间。这个高度视野开阔，站得高，望得远，容易发现匪情，能及时预警，也为凭楼逃生争取得充足时间。

凤岗碉楼占地在20～40平方米左右，里面设置木梯上下，楼面以木板铺成，上再铺盖水泥，也有用钢筋混凝土浇灌楼面或楼梯，这种结构更坚固。楼顶设"铳斗"，为向外凸出建筑设施，类似开平碉楼"燕子窝"，供火铳射击

东莞官井头天来楼（凤岗镇政府提供）

东莞凤岗竹塘张碧兰楼
（凤岗镇政府提供）

之用。而每层楼墙体开设可供瞭望、通风、采光的窗口和对外射击的枪眼。但这些枪眼口径都很小，杀伤力有限，故有人认为它是一种消极防御的设施，只求生存，只躲不击，与开平碉楼可贮备足够多粮食、水源、武器，与敌长期周旋不同。但这些碉楼并非无所作为，其鹤立鸡群的形象，居高临下、唯我独尊严威，戒备森严，不可侵犯的气派；特别是群匪来攻，一家或几家人可同时上楼避难，只要及时报警，上下齐心，匪类多不得逞。所以凤岗碉楼虽小而高的造型，仍起到威慑敌胆、保护百姓平安作用。况且，碉楼也很坚固，历经战火洗礼而不倒。1938年和1939年，日寇进攻凤岗时曾对一些碉楼狂轰滥炸，但它岿然不动，百姓称为铜墙铁壁。有一座建于20世纪20年代的湖心楼，后因建水库淹在水中，经50～60年竟完好如初，并未倒塌，人人称奇，充分显示碉楼具有防水、防风、防震、防火、通风、采光、宜居、自卫等功能，不愧为乡土建筑中杰构。

　　凤岗碉楼也是中西文化交流的产物，不乏西方建筑文化元素，包括曲线形山墙红色带、巴洛克式山花、欧式方形阁楼、海外鹰衔花篮灰塑图案。四角有罗马柱、西洋式样、绿色琉璃栏杆、钟表装饰图案，还有红黄色带、红白色带、红黑色带、西式风格山花装饰等。例如塘沥伦昌泰楼，二三层为西式阳台，分别以两根混凝土立柱支撑，山花及女儿墙呈曲线形，显得庄重典雅，引人注目。塘沥六柱头碉楼、黄才楼、三联的禄晋楼、耀芳楼，洋稠尾古楼岭碉楼、竹塘的仁芳楼、张碧兰楼、张润玉楼、五联的锦泰楼等顶层装饰都很华丽。正面或四角有立柱、巴洛克山花、拱券形窗楣等，都是西式建筑造型和构件。而凤岗最富有西洋风格碉楼是今凤岗华侨中学内汉彰楼，高五层，楼顶四角有立柱、山花装饰花篮等灰塑；二楼有拱券廊柱，楼顶设围墙，上有宝塔形构件，表现出强烈西方建筑色彩。因其为华侨黄汉彰建造，张扬楼主人西方价值取向。

3. 排屋楼形成文化风格

排屋与碉楼相连接，形成一体，是为排屋楼。其成排排列，统一规划，布局整齐、四通八达，巷巷相通，利于防卫和生活，是凤岗特有的地域建筑，独具韵味。其布局一般是左（右）碉楼右（左）排屋，前排屋后碉楼，紧密相连，成龙配套。排屋最少的有1间，最多的有10间连接。例如竹塘村张碧兰楼，连接10间民居，通面宽47米，进深11米，大有侯门深似海之概。排屋多为单层，黑色硬山顶，砖木结构，门楣及檐墙彩绘传统花鸟虫鱼瑞兽等图案。少数为两层骑楼式民居，西式造型，有立柱、拱券、阳台等结构。排屋与碉楼相通，通过木梯抵达碉楼顶层，逃避匪敌来犯。碉楼里配备了日常生活用物资和自卫防御武器，一旦遇贼匪来侵扰便击鼓报警，四邻乡亲就会纷纷来助，体现山区客家人内聚力和团结互助的精神。

排屋楼的选址于地势高旷、干爽山麓、阶地和台地上，地质基础坚固，临近水源，方便生产生活；围边植被茂密，且有防风，调节小气候，美化环境作用，表现了较高科学性和丰富中西文化交融品位，为客侨文化的典型建筑，为岭南所独有，故显得特别珍贵。

客家人特重宗祠，宗祠是宗族活动中心，也是他们的精神家园。宗祠是排屋楼核心部分，有浓厚客家文化色彩，其中的对联是凤岗客侨文化核心价值所在。这种对联，遍布凤岗大小祠堂。据收入《凤岗文物古迹》的对联即有不少，试列若干作为典范。

曾氏宗祠门联三副：

一

道传东鲁家声远，

史接南平甲第新。

二

千百世流风传必习交必信谋必忠惟勤三省

亿万年道脉身可修家可齐国可治祗在一诚

三

大学十年能治国

孝经一部可传家

江氏祖宗堂对联三副：

一

祖德流长照万古

宗功锦远茂千秋

二

要好儿孙须从尊祖敬宗起

欲光门第还是读书积善来

官井头村西门楼对联一副：

土广安居物阜人康歌舞日

宜溪落业村民和气乐绕天

鹤岂渚村郑氏宗祠对联一副：

华强盛世普天下堂系通德传万代

海阔扬波遍环球源自荥阳流千秋

虾公谈黄氏对联一副：

世泽渊源长孝友兴双千秋俎豆昭前烈

家声遗韵远文章第一百代衣冠推后贤

凤水墟门联一副：

凤水迂迴漂玉带

岗峦起伏披绿装

新塘村门联一副：

新出奇才贤能智慧称环宇

塘中美景活跃晶莹绕世居

秀木乔门联二副：

一

秀木直魏成人杰地灵千秋盛

乔居朝马岭民安物阜万载兴

二

参天秀木

肥地乔居

这些对联反映凤岗客家渊源、环境、祖上功德、功名追求、人才渴求、兴学教化等，彰显客家人传统道德和人文风貌，体现排屋楼文化风格的一个侧面，也是凤岗客侨文化一大名片。

四、排屋楼的保护和利用

广东珠江文化研究会会长、中山大学教授黄伟宗评论凤岗排屋楼曰："客家第一珠玑巷，岭南独此排屋楼。"可谓一语中的，高度评论凤岗客侨文化价值，充分肯定排屋楼在岭南建筑体系中独特地位。从上述也可见，凤岗排屋楼确实有很多特殊性，不同于开平碉楼，更有别于侨墟骑楼，应视为一种珍贵历史文化遗产，认真保护和适当开发利用，使之服务于当地社会经济建设，为凤岗人民谋福祉。但排屋楼当今状况如何，保护和开发形势怎样，这都在揪住每一位关注它命运的人。这可在下述文字中找到一个答案。

1. 排屋楼现状

随着社会变迁，特别是新中国成立后，碉楼防卫功能消失，排屋楼也失去了它的依托。近年东莞经济在全国崛起，令全世界刮目相看。凤岗也一样，跻进全国富裕地区之列。人民生活水平不断提高，对居住空间和环境不断提出新的要求，今天的凤岗人已纷纷走出排屋楼，搬进现代化新式楼房。称盛一时又历尽沧桑的排屋楼渐渐被人忽视，淡出人们视野，有的崩塌，有的闲置，还有的出租，出现衰微破败景象，令人惋惜和不安。

首先是1958年"大跃进"年代，大炼钢铁运动在全国兴起，凤岗碉楼里的铁门、窗铁等铁器物件被拆卸精光，和其他铁器一样投入小高炉炼铁，目的是超英赶美，放钢铁卫星。碉楼里的西式雕饰也纷纷被铲除，砸烂或烧毁，一些原木被当作炼钢燃料，但炼出来的仅是废渣。泔甘埔村江屋的永升楼，有凤岗第一高楼之称（九层），抗战时曾遭日寇机枪扫射，钢炮轰击，仅表皮有损，楼体无大碍。但它逃不过1958年拆掉炼钢铁，60年代又拆掉型板，以后变成空楼。村民怕空楼被台风刮倒，把上面四层半去掉，现仅剩一半即四层半高，残破不堪，风雨飘摇，永升楼实是凤岗碉楼命运一个缩影代表。

新中国成立后，很多排屋楼主人移居海外，很少再回到故乡，有的排屋楼委托亲戚朋友照管或居住。改革开放后，凤岗村民大多离开祖屋，搬进新居，排屋楼很快被野草占领，污秽充斥，蝇蚊滋生，基本荒废。也有少数排屋楼低价租给外地打工者，他们随意生火做饭，晾晒废品衣物，到处狼藉不堪，实际上在糟蹋排屋楼。

据近年文物普查结果，凤岗原有160多座碉楼，后由于各种原因被毁坏和拆建，现存120座碉楼。有代表性的有4座，一是天堂围忠义堂楼，为凤岗最早碉楼；二是黄洞村观合楼，建于1927年，高8层，约24米，是凤岗唯一的全钢筋水泥结构的碉楼，今保存尚完好。三是官井头村湖心楼，建于1925—1927年，楼高3层，20世纪50年代末，修建水库和东深供水工程，碉楼所在村庄搬迁，全村被淹，碉楼耸立水库中。四是凤岗华侨中学内汉彰楼，建于清末民初，具西洋建筑风格，目前保存尚好。

基于排屋楼的现状，不少有识之士纷纷提出关注、保护排屋楼的建议。正如2010年7月香港凤凰电视台《百年风雨排屋楼》解说词所说："当面对无可阻挡的城市化发展和一幢幢拔地而起的新式建筑，如何让排屋楼融入当地的建设，也是一个不小的难题。"这也是很多人希望得到的答案。

2. 排屋楼的保护和开发

凤岗排屋楼是不可多得的乡土建筑，凝聚了中西文化交流成果，也是客侨文化一个最有代表性象征或文化符号，其历史文物价值不容置疑。问题在于，在快速发展的城镇化背景下，如何有效地保护这批历史文化遗产，已成为当务之急。

首先，排屋楼既为东莞客侨文化一个核心，故客侨文化必须进一步研究论证，使它的概念、内涵、范畴、特质和风格等基本理论、知识得到学术界广泛认同，建立起自己学术地位，成为一种专门性文化类型，在地方经济文化建设中发挥应有作用和影响，成为东莞特别是凤岗人自我认同、地方记忆和情结的一个标志。在此基础上，排屋楼的价值、地位和作用自会进一步提升，其保护的必要性和迫切性以及相应的对策与措施无疑会在有关部门和群众中达成共识，并付诸实施。

次之，排屋楼作为一种历史文化遗产，必须得到"正名"。应在深入调研、发掘的基础上作出科学合理的评价和鉴别，使之纳入各级文物保护范围，以取得作为文物保护的合法地位，确立自己的法律地位。有幸的是，2007年12月开始，东莞市政府在部署第三次全国文物普查工作的同时，对凤岗镇的排屋楼作了实地调查，规范登录，提出查保结合、规范保护等对策，取得丰硕成果。特别是实地普查登记文物128处，除了古建筑类凤德岭篆香书屋、展鹏黄公祠、浸校塘刘氏宗祠、五联王氏宗祠、塘沥关帝庙、天堂围周氏宗祠、油甘埔朝秀张公祠、竹塘浸校塘村门楼以外，登记入册的碉楼即有120座，包括所在村落、楼名、建楼时间、朝向、形状、建材、楼层、高度、立面、色彩、装饰、设施、现状等，一一作了拍照。

建立起碉楼档案赖有于这第一手资料，对查阅、了解有关碉楼历史和现状非常方便，也为保护开发提供可靠依据。但为保护工作落到实处，有关文物主管部门应根据碉楼文物价值作出鉴别，确定各级文物保护单位，制定相应的文物保护规划。

再次，鉴于排屋楼主人多移居海外，房屋大多空置，年久失修，租住者又为外来人员，缺乏保护意识，长此以往，楼将不楼。为此，可效法开平碉楼、台山侨墟骑楼管理办法，采取楼主委托政府代管或政府指导下群众组织实施管理办法，使排屋楼管理、使用纳入法治化、有序化状态，结束时下放任自流、自生自灭，甚至人为破坏状态。

此外，排屋楼发现和命名历史短浅，社会认知尚少，知名度不高，应加强宣传推介，不仅使当地人认识它的价值，也要让社会各界了解凤岗尚藏一宝，结束时下排屋楼仍"养在深闺人未识"状态。当然，有关部门仍须为此倾注更大的热情和努力。

排屋楼作为历史文化遗产，在保护的同时，开发利用也是必要的，同时也是一种有效的保护方式。其中旅游开发被视为是一种群众参与程度高、见效快、经济效果好的开发方式。不少人建议应以整个凤岗"客侨文化"作为旅游资源的开发对象，这包括凤岗的物质和非物质文化遗产，其中排屋楼又是一个主要组成部分。首先是编制高起点的旅游发展规划，依托珠江三角洲和港澳台，以及华侨华人为旅游对象和市场，加强有关宣传和旅游业人员培训，千方百计打做排屋楼旅游品牌。对标志性排屋楼要采取特别保护措施，以避免过度旅游开发，危及建筑物安全。

无论排屋楼保护还是开发，都必须设立相应管理机构，落实管理人员、经费、职能和工作目标。而这一切都必须有当地政府的参与和监督，缺少这个前提，任何保护开发计划都是不完善的。

3. 排屋楼的申遗

在凤岗这个面积狭小的镇区保留碉楼120座和附属一批客家民居，即两者组合而成排屋楼，其价值已为公众所公认，不容置疑。问题在于，目前凤岗碉楼虽已引起当地有关部门的重视，做了大量调研、整理工作，但并未公布为任何级别的文物保护单位，这对排屋楼的保护是不利的。故有关部门应尽快申报，争取成为市级、省级甚至全国文物保护单位。实际上，凤岗碉楼有许多地方类似开平碉楼，其中客家村也可比肩于开平碉楼所在村落。凤岗有的村落碉楼数量不亚于开平碉楼名村自力村，如此高度密集的碉楼群，对申遗非常有利。所以凤岗应不断创造条件，学习开平碉楼申遗经验，争取有朝一日将凤岗排屋楼向联合国教科文组织申报世界文化遗产，为建设广东文化强省，为宣传和弘扬中华文化作出贡献。

参考文献

[1] 李威主编. 侨乡文化探研. 广州: 广东人民出版社, 2004

[2] 李国平著. 广东华侨文化景观研究. 北京: 中国华侨出版社, 2013

[3] 黄继烨, 张国雄主编. 开平碉楼与村落研究. 北京: 中国华侨出版社, 2006

[4] 张国雄编著. 台山历史文化集·台山洋楼. 北京: 中国华侨出版社, 2007

[5] 陈泽泓. 岭南建筑志. 广州: 广东人民出版社, 1999

[6] 司徒明德编著. 第一侨乡. 珠海: 珠海出版社, 2004

[7] 陈照平主编. 情牵五邑. 广州: 岭南美术出版社, 2006

[8] 余云飞, 张建国, 钟筱竹编著. 侨乡文化观潮. 广州: 广东旅游出版社, 2006

[9] 林琳. 港澳与珠江三角洲地域建筑——广东骑楼. 北京: 科学出版社, 2006

[10] 黄伟宗, 邝俊杰主编. 广侨文化. 香港: 中国评论学术出版社, 2013

[11] 郑天祥等. 以穗港澳为中心的珠江三角洲经济地理网络. 广州: 中山大学学报编辑部, 1991。

[12] 阿汤主编. 台山侨墟导实. 深圳: 中国艺术家出版社, 2012

[13] 黄伟宗, 朱国和主编. 凤岗客侨文化论坛. 香港: 中国评论学术出版社, 2010

[14] 任焕林主编. 凤岗历史博物馆. 南方出版社, 2008

[15] 黄伟宗, 朱国和. 客家第一"珠玑巷": 凤岗——第二届中国客侨文化论坛. 广州: 广东高等教育出版社, 2011

[16] 张国雄. 岭南五邑. 上海: 生活、读书、新知三联书店, 2005

[17] 张国雄. 开平碉楼. 广州: 广东人民出版社, 2005

[18] 张国雄, 李玉祥. 老房子/开平碉楼与民居. 南京: 江苏美术出版社, 2002